U0029310

實戰智慧館 365 | 李仁芳策劃

贏在不可能

金革唱片創辦人陳建育 激發業務力的關鍵密碼

陳建育／著

《實戰智慧館》

出版緣起

王榮文

在此時此地推出《實戰智慧館》，基於下列兩個重要理由：其一，台灣社會經濟發展已到達了面對現實強烈競爭時，迫切渴求實際指導知識的階段，以尋求贏的策略；其二，我們的商業活動，也已從國內競爭的基礎擴大到國際競爭的新領域，數十年來，歷經大大小小商戰，積存了點點滴滴的實戰經驗，也確實到了整理彙編的時刻，把這些智慧留下來，以求未來面對更嚴酷的挑戰時，能有所憑藉與突破。

我們特別強調「實戰」，因爲我們認爲唯有在面對競爭對手強而有力的挑戰與壓力之下，爲了求生、求勝而擬定的種種決策和執行過程，最值得我們珍惜。經驗來自每一場硬仗，所有的勝利成果，都是靠著參與者小心翼翼、步步爲營而得到的。我們現在與未來最需要的是腳踏實地的「行動家」，而不是缺乏實際商場作戰經驗、徒憑理想的「空想家」。

我們重視「智慧」。「智慧」是衝破難局、克敵致勝的關鍵所在。在實戰中，若缺乏智慧的導引，只恃暴虎馮河之勇，與莽夫有什麼不一樣？翻開行銷史上赫赫戰役，都是以智取勝，才能建立起榮耀的殿堂。孫子兵法云：「兵者，詭道也。」意思也明指在競爭場上，智慧的重要性與不可取代性。

《實戰智慧館》的基本精神就是提供實戰經驗，啓發經營智慧。每本書都以人人可以懂的文字語言，綜述整理，爲未來建立「中國式管理」，鋪設牢固的基礎。

遠流出版公司《實戰智慧館》將繼續選擇優良讀物呈獻給國人。一方面請專人蒐集歐、美、日最新有關這類書籍譯介出版；另一方面，約聘專家學者對國人累積的經驗智慧，做深入的整編與研究。我們希望這兩條源流並行不悖，前者汲取先進國家的智慧，做爲他山之石；後者則是強固我們經營根本的唯一門徑。今天不做，明天會後悔的事，就必須立即去做。台灣經濟的前途，或亦繫於有心人士，一起來參與譯介或撰述，集涓滴成洪流，爲明日台灣的繁榮共同奮鬥。

這套叢書的前五十三種，我們請到周浩正先生主持，他爲叢書開拓了可觀的視野，奠定了札實的基礎；從第五十四種起，由蘇拾平先生主編，由於他有在傳播媒體工作的經驗，更豐實了叢書的內容；自第一一六種起，由鄭書慧先生接手主編，他個人在實務工作上有豐富的操作經驗；自第一三九種起，由政大科管所教授李仁芳博士擔任策劃，希望借重他在學界、企業界及出版界的長期工作心得，能爲叢書的未來，繼續開創「前瞻」、「深廣」與「務實」的遠景。

《實戰智慧館》

策劃者的話

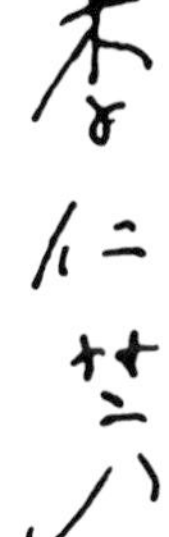

企業人一向是社經變局的敏銳嗅覺者，更是最踏實的務實主義者。

九○年代，意識形態的對抗雖然過去，產業戰爭的時代卻正方興未艾。

九○年代的世界是霸權顛覆、典範轉移的年代：政治上蘇聯解體；經濟上，通用汽車（GM）、IBM虧損累累——昔日帝國威勢不再，風華盡失。

九○年代的台灣是價值重估、資源重分配的年代：政治上，當年的嫡系一夕之間變偏房；經濟上，「大陸中國」即將成爲「海洋台灣」勃興「鉅型跨國工業公司（Giant Multinational Industrial Corporations）的關鍵槓桿因素。「大陸因子」正在改變企業集團掌控資源能力的排序——五年之內，台灣大企業的排名勢將出現嶄新次序。

企業人（追求筆直上昇精神的企業人！）如何在亂世（政治）與亂市（經濟）中求生？

外在環境一片驚濤駭浪，如果未能抓準新世界的砥柱南針，在舊世界獲利最多者，在新世界將受傷最大。

亂世浮生中，如果能堅守正確的安身立命之道，在舊世界身處權勢邊陲弱勢者，在新世界將掌控權勢舞台新中央。

《實戰智慧館》所提出的視野與觀點，綜合來看，盼望可以讓台灣、香港、大陸，乃至全球華人經濟圈的企業人，能夠在亂世中智珠在握、回歸基本，不致目眩神迷，在企業生涯與個人前程規劃中，亂了章法。

四十年篳路藍縷，八百億美元出口創匯的產業台灣（Corporate Taiwan）經驗，需要從產業史的角度記錄、分析，讓台灣產業有史為鑑，以通古今之變，裨能鑑往知來。

《實戰智慧館》將註記環境今昔之變，詮釋組織興衰之理。加緊台灣產業史、企業史的紀錄與分析工作。從本土產業、企業發展經驗中，提煉台灣自己的組織語彙與管理思想典範。切實協助台灣產業能有史為鑑，知興亡、知得失，並進而提升台灣乃至華人經濟圈的生產力。

我們深深確信，植根於本土經驗的經營實戰智慧是絕對無可替代的。另一方面，我們也要留心蒐集、篩選歐美日等產業先進國家，與全球產業競局的著名商戰戰役，與領軍作戰企業執行首長深具啓發性的動人事蹟，加上本叢書譯介出版，裨益我們的企業人汲取其實戰智慧，做為自我攻錯的他山之石。

追求筆直上昇精神的企業人！無論在舊世界中，你的地位與勝負如何，在舊典範大滅絕、新秩序大勃興的九〇年代，《實戰智慧館》會是你個人前程與事業生涯規劃中極具座標參考作用的羅盤，也將是每個企業人往二十一世紀新世界的探險旅程中，協助你抓準航向，亂中求勝的正確新地圖。

【策劃者簡介】

李仁芳教授，一九五一年出生於台北新莊。曾任政治大學科技管理研究所所長，輔仁大學管理學研究所所長，企管系主任，現為政治大學科技管理研究所教授，主授「創新管理」與「組織理論」，並擔任行政院國家發展基金創業投資審議會審議委員，交銀第一創投股份有限公司董事，經濟部工業局創意生活產業計畫共同召集人，中華民國科技管理學會理事，學學文化創意基金會董事，文化創意產業協會理事，陳茂榜工商發展基金會董事。近年研究工作重點在台灣產業史的記錄與分析。著有《管理心靈》、《7-ELEVEN統一超商縱橫台灣》等書。

他們的感動推薦，從「不可能」開始

（推薦人按姓氏筆畫排列）

如果你是初入社會的新鮮人，這本書將讓你用最快的速度變成老鳥；如果你已經是老鳥，這本書會給你如何晉升主管的答案；如果你準備創業或已經在創業，這本書會讓你有一口氣看完的衝動，因爲其中有太多活生生的故事，把艱澀的企管知識變成明天就可以馬上執行的有效工具。

——池　恩（精英文化股份有限公司總經理）

所有成功的企業，靠的不是高額獎金制度，而是領導者的風格所塑造出來的企業文化。這個風格不是學校可以學得來的，而是陳建育總經理在下水道中、針織廠、洗發電廠煙囪的「學歷」之中一點一滴累積而來的。

我們要讓年輕人多知道一些像陳總經理這類的故事，他的努力精神及隨時學習的謙虛，才是我們努力就可以做到的。

——李建復（知名民歌手、網路創業者）

「吃苦當作吃補」沒讓陳建育成功，創造力和整合力才是他成功的祕密。他打造了台灣樂壇前所未見的高水準新產品。他的命題夠高，格局夠大，才能營建容得下衆師雲集的舞台，高奏整合凱歌。他的推銷軍團更是整合力的高度展現。他的學歷可能在全公司中最低，但是，懂得和人合作，讓人合作，讓他成爲魅力領袖。

這本書值得大力推，用力推。因爲，看完本書，您就會發現：「我也做得到啊！」

——吳祥輝（知名作家）

拜讀完勁嗓的大作，只能驚嘆，他一輩子賣別人寫的書，賣別人做的音樂，退休後，自己寫書自己賣，勁嗓描寫初出茅廬的業務員第一次陌生拜訪，推開那扇世界最沉重大門的心情，深刻入理。

我深受感動，還沒被推銷就先下訂單，我買一百本，送給同事看，學習勁嗓如變形金剛般的業務精神。

送給失戀小朋友看，學習勁嗓追老婆的明知不可能而為的精神。

給我的小孩看，學習勁嗓的工作與生活的態度，成功絕不是偶然，偶然的成功不會持久。

當然我也會留一本，時時拿出來讀讀惕勵自己。

——**林坤正**（Pay Easy 總經理）

一個一無所有、也幾乎一無是處的窮小子，歷經三次破產，逐步圓夢，建立自己的理想國度。當別人還處於被拒絕、失敗的沮喪裡時，他早已衝向下一個、再下一個的目標，贏在別人認為不可能之處！

我常懷疑，他是否是害怕失敗的人，害怕到沒有時間去面對害怕，所以得不斷地追求成功，而且非成功不可？

他的回答是，我追求業績的時間都不夠了，哪有時間去想失敗的事！

這本書不只是好看的故事，也不只是商業用書、勵志用書，更像是你我的人生指南書！

——**梁序倫**（貝特旺事業股份有限公司總經理、前台北之音暨HIT FM聯播網總經理）

認識陳建育先生多年，一直感覺他是個「想做就做，說做就做」的性情中人，熱情、創新、直率永遠在他臉上呈現。我除了曾聽他演講外，也幾次親自感受他所領導的金革唱片業務人員對推廣古典音樂產品的熱情活力，因此成為金革的忠實客戶。

在一個週末的早上，我一口氣讀完整本書，對我這個中年企業老兵而言，帶來許多啓發與感動。

建育兄流暢親和的文筆，讓我有如沐春風之感，我讀完後，立即推薦分享給家人。這本書與作者本人及金革唱片公司一樣，是充滿熱情、值得讀者親自去閱讀、體驗與感受。

——**劉克振**（研華科技董事長）

十年前我是金革唱片的最大個人客戶，五年前La New是金革音樂禮品的前三大買家；別人是「不打不相識」，我和建育卻是「不『問』不相識」。金革決定進軍門市通路時，只要見面，他總是纏著我一直追問「門市經營」的問題，這一問，問出了一輩子的交情，也對他的追根究柢與積極進取的拚勁，印象深刻。

看完他的故事，才了解他拚勁的由來。惡劣的環境促成陳建育的努力企圖，但以友爲師、不恥下問及積極的執行力，更是陳建育最大的力量來源！

不管你是什麼學歷？從事什麼行業？現在是什麼職位？這本書都值得你一看再看！如果你也是窮小子，那你更是一定要看！

——**劉保佑**（La New公司董事長）

這是一本很有趣的書，一個很有趣的人寫的。

他在窮鄉僻壤長大，「窮」引導他上進、珍惜每一個機會。他讀「放牛班」、重考，最高學歷是高中夜間部，但是「自卑感」卻是他不服輸的動力，三落三起。「僻壤」讓他知道渺小，因此非常誠懇、不斷向他人學習。他創建了我國第一家上櫃唱片公司，孕育企業人才，並分享人生美麗樂章。

這本書對年輕人與創業者都有益，樂為推薦。

——**蘇瓜藤**（政治大學商學院院長）

目錄

推薦序

怕吃苦，就注定一輩子吃苦！

池恩（精英文化股份有限公司總經理）

如果你是初入社會的新鮮人，這本書將讓你用最快的速度變成老鳥；如果你已經是老鳥，這本書會給你如何晉升主管的答案；如果你準備創業或已經在創業，這本書會讓你有一口氣看完的衝動，因爲其中有太多活生生的故事，把艱澀的企管知識變成明天就可以馬上執行的有效工具。

本書作者陳建育（我們都叫他「勁嗓」），是一個深諳人性的說故事高手，憑藉著這個能力，快速把十人規模的小公司擴充成兩百人規模的上市公司。過程中，勁嗓用獨特的領導風格，讓員工充滿鬥志，並在各部門盡情揮灑創意，匯聚出無比的成長能量，也造就了他今日的成功。對我而言，沒有人像勁嗓一樣，可以同時扮演這麼多角色——他是我的長官、我的戰友、我的教練、甚至是我把妹的諮詢顧問兼後勤支援。如果要用一個稱呼來描述他對我職涯的影響，最貼切的應該就是「人生導師」。

回想起來，勁嗓對我說過的許多話，至今還深深影響我經營事業的態度，例如：「怕吃苦，就注定一輩子吃苦！」「把事情做完？還是把事情做好？」「先做一個好用的人，才可能變成有用的人」……有些話當時聽了只覺得被老闆唸了一下，現在遇到一些管理或領導的難題，才突然深刻體會話中的涵義。值得慶幸的是，這本書把勁嗓好幾十年的成功經驗濃縮成一顆大補丸，讓讀者不費吹灰之力就能吸取精華。閱讀本書無疑是投資報酬率最高的一件事。

談到吸取精華，一般人一定都曾有過這種經驗——爲了解決困難或突破困境，會努力閱讀一些談論「如何成功」的書，或上些管理方面的進修課程，企圖用最短的時間找到答案。

然而，大部分的書不是探討王永慶就是郭台銘、張忠謀等偉大企業家的成功故事，讀完總覺得距離成功非常遙遠。

至於管理方面的課程，則又充斥學術理論：第一章要你多角化經營，第二章又闡述聚焦經營有多重要，第三章跟你說衝刺市場占有率比毛利重要，之後又告訴你開創藍海來避開低毛利的紅海競爭。

其實，這些林林總總的理論都沒有錯，困難的是，如何針對你的產業特性，正確的運用這些理論。除此之外，活生生的實際案例，總能幫你了解這些理論背後所要表達的眞正意義。

勁嗓不是教授出身，文筆中看不到管理學的術語，他的故事彷彿就發生在你我周遭。許多有趣故事堆疊出來的上市公司規模，又同時印證了許多經典的企管理論。例如「產品研發策略」，你可以在第二章〈我要做交響樂！〉體會，產品除了要符合客戶需求，也要注入夢想。如果你對「競爭策略」有興趣，千萬別錯過第三章〈讓個位置吧！〉，你會發現改變遊戲規則的重要性。第九章〈伸展自己，才能永續〉談的是「行銷業務策略」，作者用非常多精彩的眞實故事，告訴你如何讓一個業務人員從「銷售產品」提升到「經營客戶」。第十二章〈公司應該是大家的寶貝〉探究企業永續經營的祕訣及實際的做法。第十三章〈企業不能停下來，人員必須動起來〉，則讓你深刻體會領導風格與企業文化對一個企業的重大意義。

當然，除了以上所提及的章節，本書的每一個章節，都透露著一個成功故事背後的關鍵密碼。當企業步上軌道，人生該如何進階？最後的章節所描述的加拿大退休生活，將啓發你在努力奮鬥的同時，也能以生活家的高度檢視你的未來。

推薦序

從基層提煉的領導者風格

李建復（知名民歌手、網路創業者）

一般上班族對於上門推銷產品的業務人員，都不會給好的臉色看，很多業務人員也會因此而有很強烈的挫折感。但是我每次看到金革的業務人員，都好像看到一群充滿希望的天使。我覺得他們對產品有信心，更重要的是，他們對自己有信心，也很快樂。做業務能做到這麼快樂的人不多，想必在後面推動他們的誘因，一定不只是業務獎金而已，應該是一種精神力量。

更難得的是，我看過不少個金革的工讀小朋友，他們給我的感覺是一致的：熱情而燦爛，好像頭頂上發光般的可愛。

直到我認識陳建育總經理，才明白了這個組織成功背後的原因。正如同所有成功的企業，靠的不是高額獎金制度，而是領導者的風格所塑造出來的企業文化。

這個風格不是學校可以學得來的，而是陳總經理在下水道中、針織廠、洗發電廠煙囪的「學歷」（學習的經歷）之中一點一滴累積而來的。許多人求學、讀書的過程太輕鬆，就無法體會社會上各行各業，尤其是打工過程中的辛苦。

當我知道，金革的工讀生每年暑假都會自動回公司報到上班，而不會到處轉換戰場，我更驚訝了。陳總經理一路努力，不斷學習，才可以隨時隨地、將心比心的爲員工著想，也難怪員工會以如此的熱情回報。

除了業務行銷之外，陳總經理對於部屬適才適所的培養，也非常令人感佩，例如池恩經理由工讀生一路磨練上來，做到產品部製作經理，成功完成「中國交響世紀」套裝ＣＤ的製作及上市，爲了理想克服一切困難，這都不是一般唱片公司敢於輕易嘗試的。

這套產品一發行即獲得金曲獎兩項入圍，又獲得金曲獎最佳流行音樂演奏獎，這份榮耀眞是實至名歸。

一般的媒體常過分關注產業界明星或企業家第二代的鋒芒畢露，但你我都不可能成爲那種人。我們要讓年輕人多知道一些像陳總經理這類的故事，他的努力精神及隨時學習的謙虛，才是我們努力就可以做到的。

推薦序

窮小子賺大錢

吳祥輝（知名作家）

如果您想成爲郭台銘之類的百千億鉅富，這本書或許不夠您看。如果，您想盡其所能，激發全力，做到您夢想或想都不敢想的事，譬如賺幾千萬或幾億，這本「窮小子賺大錢」的書就値得您閱讀。

如果，幾千萬或幾億對您是個普通的數字，或只是零頭，這本書仍有一讀的價値。光看陳建育怎麼娶到「不可能娶到」的老婆，就保證讓您有用錢買不到的快樂。還會暗罵一聲：這傢伙！

十來歲時我和幾個愛運動的同學常這樣猜來猜去：「百米短跑，可不可能跑進一〇秒內？」當時，「一〇秒〇」已有好幾個人達成。但是，所有嘗試衝破一〇秒大關的人，前仆後繼，全告失敗。

一九六八年奧運，美國選手海因斯（James Hines），在百米決賽中跑出電子計時九．九五秒的成績，勇奪百公尺短跑金牌。成爲人類打破「一〇秒〇」瓶頸的第一人。激勵全球的運動員追求一種新的可能性。海因斯和我們這些只是好動的台灣男孩完全無關，我們卻奔相走告，好開心，甚至記憶至今。「贏在不可能」想來最能迷醉少年的心靈。

贏，是勝過別人。「贏在不可能」，是勝過自己或挑戰極限。教導孩子成爲「贏家」，也許不比教導孩子「贏在不可能」更符合人性。「贏家」只是個人資產。「贏在不可能」是創造奇蹟，建立新的挑戰門檻。「建哥」的故事，不妨可以用這樣的角度看。如果，不能樹立典範，激勵公衆，「贏家」的故事眞的與您我無干。

不久前，我曾親身經歷一段有趣的溫馨對話。

「現在的台灣小孩不會吃苦，怎麼辦？」一個媽媽這樣問。

「這位媽媽，您是不是有點秀斗（腦筋短路）？」演講者親切地反問：「您辛苦一輩子，爲了什麼？是不是希望孩子不要像我們這一代一樣，吃苦當作吃補？」

「是啊。」媽媽說。

「所以，我說您有點秀斗，眞是沒冤枉您。」講者笑笑地說：「您拚死拚活一輩子，希望孩子不要吃苦。結果，現在，孩子不會吃苦，您卻在擔心。您眞是頭殼壞掉了啦。」

全場哄堂大笑，包括那位媽媽。

「每個時代都有不同的追求主題。吃苦其實只是一種簡單的本能能力。」講者說：「當一無所有，或資源匱乏時，吃苦是自然而然的事。要嘛去死，要嘛吃苦。不吃苦，就去死。二選一，很簡單。」全場又是一片笑意。

「創造力和整合力才是二十一世紀台灣孩子最重要的學習主題。愈大的創造或愈大的整合，都必然成功於合作。所以，讓孩子學習怎麼跟人合作，比教孩子吃苦重要許多。」

對話後來結束在一種難能可貴和意想不到的溫馨。「謝謝老師，我現在才知道我對我兒子太壞了。今天回去以後，我要對他好一點。」媽媽永遠的恩慈，讓人動容。

「吃苦當作吃補」沒讓陳建育成功。創造力和整合力才是他成功的祕密。他打造了台灣樂壇前所未見的高水準新產品。他可能完全不懂音樂，卻懂得讓音樂大師一起合作。他的命題夠高，格局夠大，才能營建容得下衆師雲集的舞台，高奏整合凱歌。他的推銷軍團更是整合力的高度展現。他的學歷可能在全公司中最低，但是，懂得和人合作，讓人合作，讓他成爲魅力領袖。

出身低，容易跟人合作。標準高，容易跟大師巨匠合作。陳建育正是「用師則王，用友則霸」的現代典範。產品面，他「用師」。行銷面他待員工如友。困頓的早年，也許讓他更知員工的想望和疾苦。曾經卑微的生命經驗賦予他一種領導人絕不可或缺的自我修正功夫。

「用師則王，用友則霸」是陳建育成功的用人模式。創造力和整合力則是他的事業核心價値。這些故事我就不重複，您自己慢慢讀。不過，最後要提醒您，《贏在不可能》雖然夠精彩，卻有個沒說出的祕密。「贏在不可能」的人通常有個特質：「不可能是你們說的。我認爲可能。我做給你們看。」

這本書値得大力推，用力推。因爲，看完本書，您就會發現：「我也做得到啊！」

自序

沒有業務，沒有企業家

我把這本書大部分的重點，放在我四十歲以前的個人經歷，從學生時代的工讀，到出社會找工作、推銷及經營金革唱片的種種過程，每一個階段、每一個事件的處理及心路歷程，不管對或錯、成功或失敗，都清楚而坦白地敘述出來。希望藉由我的人生經驗，讓讀者們深切體會：「運氣不會從天上掉下來！」更希望這些簡單的經歷，能對讀者有所裨益。

之所以寫四十歲以前的經驗，因爲我認爲四十歲以前，不管體力、企圖、熱情都處於顛峰階段，正是努力的黃金期，沒有把握好這個時機，能有成就者只是極少數。我深信成功絕非偶然，但也並非那麼困難！

除了寫四十歲以前的努力，在書的末段，也把我退休後的生活做了簡單的介紹，分享在經過努力之後，我們可以實現很多小時候的夢想，讓生命變得多采多姿，享受另外一種人生。

業務，就是解決問題

在企業界，百分之八十以上的人會同意，業務工作是成爲企業家的跳板。多數人也聽過類似的說法，而經過這麼多年的歷練，我更清楚地了解，這是絕對正確的一句話！

舉例來說，剛出社會時，我們常認爲很多事情是不可能的，比方進入一個大企業工作、拜訪某大企業……或者你急著想去某個國家旅行，卻買不到機票，訂不到機位……遇到諸如此類的事情時，你可能會先看到阻礙在前方的困難，接著就是自我否定，認爲不可能而放棄！

但如果你有足夠的業務經驗，第一個跳進你腦海的就會是門路。你會直接拿起電話，詢問你認可的單位，很快就會得到解決辦法。一般人認爲困難的事情，在一個業務經驗豐富的人面前，都將迎刃而解。而一個企業家，最需要的也就是解決問題的本事啊！

其實，說穿了，這些本事，只不過是大方地去接觸！然而講起來簡單，做起來就不是那麼一回事，因爲絕大多數沒有業務經驗的人總會往壞處想，心想對方又不認識我，幹嘛要理我呢……這就是爲什麼許多人從事業務工作，但做不到幾天就無法繼續的原因。大部分人都把簡單的業務想成天大的難事，而這樣的想法也讓少數願意在業務上勇往直前的人，減少了對手，有了更好的成功機會！

夠窮，才夠力

當我隻身來台北闖天下的時候，身上只帶了一百五十元；二十年後，我經營一家年營業額數億元的唱片公司。在這十五年間，我有三次破產的紀錄，也曾迷失、失意過，嘗盡了人情冷暖，但是，我並沒有就此屈服，因爲唯有自己才會打敗自己。

我的故鄉在基隆暖暖的偏遠鄉下，和其他台灣人一樣，我們這一輩都經歷過吃飯配醬油的艱苦時期，尤其是有七個兄弟姊妹的家庭，生活條件之差絕不是現代的御宅族可以想像。

小時候，家門前有一條大水溝，那時有人養雞，用木板蓋住整條水溝，將雞籠置於木板上方，有許多人不小心掉了銅板，銅板從木板的小縫滾進水溝，很難下去撿。每當賣麥芽糖的叔叔出現，我卻沒錢可買時，我就會爬進水溝裡，從這一頭走到另一頭，每次總會撿到很多銅板。我的雙腿也因爲長期浸在臭水溝裡而長滿膿瘡，一到晚上，祖母總是細心地幫我擦藥包紮，我非但不以爲苦，還樂此不疲！學生時期，爲了擁有自己的零用錢，每年的寒暑假，我都想盡辦法找工作，提早走入社會。

在當業務員之前，我做過下水道清潔工人、隨車小弟、針織廠印花工人、鐵工廠黑手工人、養雞場……曾想出海當船員，也差點誤入歧途，所幸我的大哥總在重要關頭適時出現，指引我正確的人生方向。眼看時下多數的年輕人，常因純潔天眞而被錯誤的價值觀給迷惑了，這促使我想將自己的經驗提出來供大家參考；我尤其想告訴那些因爲窮困而喪失自信、徬徨的年輕人——窮困才是最大的動力！

從做業務開始直到今天，支持我努力的最大原因是明確的目標——當一個最棒的推銷員、成爲一個有錢人——因爲這個堅定的信念，使我遇到再大的困難和挫折，都能很快地調適過來。

忍痛，才有翻轉的機會

我很清楚，除了推銷，我樣樣不如人。工作或休閒時，我會自然去觀察旁人的言行舉止，無論對方的成就高低，只要是正確的觀念，有效率的行爲，都是我借鏡參考的對象。即使是一個普通人的想法，也可能對我產生很大的影響，刺激我更努力，也因此現在的我，才能小有成就，在五十二歲時退休，並在加拿大的鹽泉島上，過著自己想要過的生活。

有一天，記者訪問瑪麗蓮夢露：「妳今天會有這麼大的成就，最重要的因素是什麼？」她回答：「我不認爲我擁有什麼大成就，也不認爲我有特別傲人的條件，在好萊塢長得比我漂亮、演技比我好的大有人在，如果認眞思考，有哪些重要因素使我擁有機會、達到今天成就，我想要歸功於一個小祕訣，就是樂意接受別人對我的批評，並且改進；也因爲這樣，讓我擁有了比別人更多的機會……」

由於瑪麗蓮夢露樂於接受批評，所以不但製片、導演、合作的演員喜歡她，連媒體也喜歡她……這些好人緣會產生什麼效應，可想而知，相較於不能接受批評的人，她當然會得到更多機會！

一九八九年，金革正值草創初期，我購買了很多音樂銷售和內容重組的權利，每天都耗在錄音工廠，和錄音工程師一起剪工作母帶、一起調音。

工廠老闆唐先生兩眼全盲，一天，我正要離開錄音室，貨運行送了幾大箱的盤帶到工廠，我看唐先生在搬貨，就自告奮勇要幫忙搬。沒想到一彎腰出力，腰就閃到了，實在痛不欲生。

唐先生學過推拿，趕緊請我到房間幫我推拿，我痛得哇哇大叫，問他：「你推拿時這麼痛，別人可以忍受嗎？」唐先生笑著說：「陳先生，推拿時受傷的部位會痛是正常的，但沒人像你這樣哇哇叫，是你自己忍痛的功夫不夠！」第二天，我去中醫診所治療，醫生幫我熱敷、拔罐，熱敷時醫生說：「如果太燙受不了，你可以動一下熱敷工具。」過程中，我實在燙得快受不了，但一想起唐先生的話，我就決心忍到底，絕不去動它，結果沒多久就好了。

後來在經營事業的過程中，每當我感覺快不行的時候，「你的忍痛功夫不夠」這句話又會在我心裡響起。

人都有很多缺點，但對自己傷害最大的缺點，是不能接受別人談到自己的缺點。我常把別人對我的批評，視為學習、改進的重點，而且要立刻行動！

失敗，只能留在昨天

雖然在公司我是總經理，但我並未因此而和同仁們有任何距離，員工們都直接稱呼我「勁嗓」，我總是眞誠與他們直接互動，發自內心欣賞、佩服每個人的優點，肯定公司裡的每一位同事。

平時在讚美他們之外，心裡還有一份竊喜——眞高興我有這些夥伴和同事。因爲員工常得到總經理的讚美和肯定，心情愉快，效率隨之提升、工作績效良好，進而又再獲得總經理的佩服和讚美，在這樣良性循環的互動下，公司業績成長迅速，無論是老闆、員工，都從中獲利。

有一天，在一場關於推銷技巧的演講會中，有位經營鞋墊批發的老闆問我：「推銷過程中，不管有多少挫折，我都可以坦然接受，但是有朋友在背後破壞、搶顧客，有如背地裡捅我一刀，我實在無法忍受，這時候該怎麼辦？」

事業的經營和業務的開發，難免遭遇各種挫折，同業競爭的壓力所衍生的種種問題，經常造成許多人想不開、不斷檢討、鑽牛角尖、生氣和抱怨……但這些都只會擴大不愉快的感受。

此時應該想清楚的是，我們是要爲今天、明天努力，或是昨天？我不認爲一次又一次的檢討和抱怨有何意義。

我喜歡積極地在今天努力、創造明天，不管昨天發生什麼，都過去了，那只是一小段生命的過程。只有把記憶停留在勝利的時光，不斷在今天努力，創造成就感，才能激發自我再接再勵，擁有更美好的明天。

投入，豐收的起點

這本書能夠順利出版，要感謝的人很多——謝謝好朋友吳祥輝先生、潘同助先生的熱情促成；謝謝陳季芳先生、遠流出版公司曾文娟小姐多日來不眠不休，爲此書投注了極深的心力，給予經驗的指導，用最忠實鮮活的方式呈現給讀者；謝謝爲我寫序的夥伴和朋友們，包括池恩、李建復、林坤正、劉克振、劉保佑、蘇瓜藤，以及爲此書推薦的社會賢達，增加了本書的可讀性；更要感謝金革的所有夥伴們，陪著我一路辛苦走來，沒有他們的堅持與付出，就沒有今天的金革。

最後，祝，所有肯付出的人都能得到收穫。

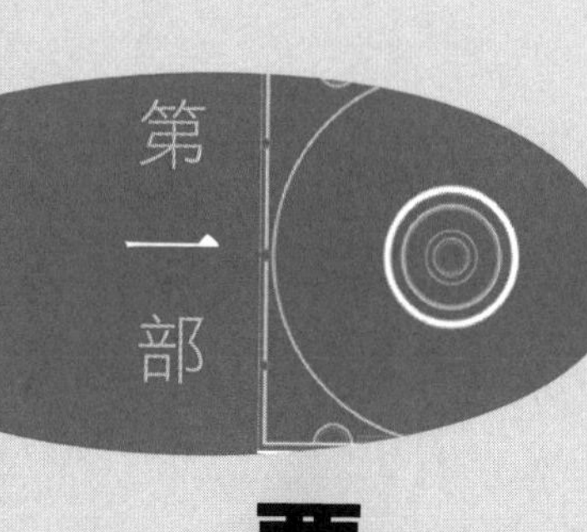

要舞台？自己打造！

我深信成功絕非偶然，但也並非那麼困難。
放牛班出身的我，都能翻身成為上櫃公司的老闆，
這世界，還有什麼不可能呢？
就從現在開始，立定志向，
在某個領域全力衝刺，專心投入，
你就會變成那個舞台的最佳主角！

序章

為自己的人生寫故事

世界上所有成功的人，私底下也都覺得自己很平凡，
只要願意，人人都可以寫出連自己也驚訝的人生故事！

挑戰自己，擁有自己的事業，是很多年輕人的夢想，但許多人沒有以實際行動積極追求夢想，反而將理想埋藏在心底，時日一久，熱情逐步遞減，許多美麗夢想，也將隨著時間的消逝變成過往雲煙，等到有一天結婚生子，面對房價不停高漲、小孩的教育費用一筆又一筆……種種扶養家庭的擔子壓在肩上，讓人疲憊終身，喘不過氣。

用努力創造好運氣

現在回想起來，當初我曾經設定目標便立刻行動，等在我面前的，不但不是困苦，反而是一段又一段甜美的回憶！因爲我清楚自己正堅定地跨越障礙，邁向目標。雖然剛開始做業務時很辛苦，每天業績掛零，但我每天晚上都去松江路附近的公寓，一家一家拜訪，期望能用努力創造好運氣！

像這類挨家挨戶拜訪，在正常情況下都會有人來開門，對方一看眼前站著一個陌生人，便會問有什麼事？等我表明業務員身分，想介紹他們一套很棒的書，通常對方會回說不需要，就把門一關。

但有一晚，情況卻完全出乎我的意料外。那天我按了一戶人家的電鈴，沒人來應門，門卻自動打開，我很興奮地走進去，突然一隻大狼狗衝過來，對著我大吼，一副要把我吃下去的模樣。旁邊傳來屋主人的聲音：「趕快蹲下，蹲下牠就不會咬你。」我當然馬上照辦，連動也不敢動，一分一秒有如一生一世！沒想到女主人並沒有來把狗牽走，只是若無其事地繼續洗她的衣服。一直到洗完了、晾好了，才走過來問我：「有什麼事？」我結結巴巴地說完目的，她只回了一句：「不需要！」就請我離開了。

還有一次，我到一所私立小學推銷，有位女老師看了我的書很喜歡，她正要簽訂單時，忽然有個人從後面抓起我衣服的後領子，大聲吼著：「你是怎麼進來的？誰讓你進來的？我們這裡規定不能推銷！」硬是把我給轟出去。

還有一個晚上，我去了石牌的榮民總醫院，跟病房護理站的護士們推銷，兩個護士跟我訂了產品（那時推銷的是套裝錄音帶），結果一位醫生走過來，把我的隨身聽往地上用力一推，說：「請你立刻離開，不要影響我們工作。」而那個剛花了我兩千七百元買的新力牌隨身聽，就這樣摔壞了！

英雄之旅，從困境出發

這些只是我遭遇過的一小部分挫折，還有更刺激、更可怕的事。

有天晚上，我答應顧客要送貨去他家，他們家的門牌號碼很奇怪，看起來是位於早期台灣的兵工廠附近（就在現在的信義計畫區裡）。當時附近沒有任何房子，只有稻田，周圍都沒有燈光，我騎著摩托車繞來繞去，就是找不到那個門牌號碼。正在傷腦筋時，遠遠望去，前面好像有一條路，我騎了車子就往那個方向去，原來那只是一間舊的兵工廠，大門已用鐵絲網圍起來。我一看沒有路，調轉摩托車正準備回頭，忽然一群野狗從正面衝過來，大吼大叫地將我團團圍住；附近沒有燈光，也沒有半戶人家，我心想：「完了，我一個人來台北創業，還沒闖出成就，就要死在這個鳥不生蛋的地方！」

害怕歸害怕，我還是不輕易放棄，腦子裡告訴自己必須力求冷靜，在牠們還沒動口咬我前，得想辦法快點溜走！千鈞一髮之際，我靈光一閃，動手打開大燈，看準一條路，加緊油門、打一檔，一面按喇叭、一面放掉離合器，就直直衝過去！那群野狗被忽然的喇叭聲和燈光給嚇到，慌忙四散，讓出一條路來，我就這樣死裡逃生！最後當我找到地址，把書送到顧客手上，回家路上整個人輕飄飄的，我覺得自己就像歷劫歸來的小英雄！

小時候我們都曾聽或看了很多故事，比如《十五小英雄》、《基督山恩仇記》、《魯賓遜漂流記》、《圓桌武士》、《三劍客》、《西遊記》、《水滸傳》……等，當時總會幻想各種故事情節，假想自己是故事裡的英雄。如今長大了，我們應該爲自己的人生寫故事，這些一般人所謂的可怕遭遇和挫折，卻能讓我們蛻變成眞正突破困境的英雄，爲自己的人生創造獨一無二的甜美回憶！

第1章

改寫遊戲規則

百分之九十九的人聽從別人為他們訂規則，

百分之一的人卻選擇自訂遊戲規則。

「金革科技股份有限公司」成立至今二十年了，從只有我、兩個幹部和一個會計開始，業務內容從原本的賣書，隨著時代進步，慢慢轉變，從賣書、賣錄音帶到賣ＣＤ、ＤＶＤ……從賣別人的產品到自己製作音樂ＣＤ。金革能夠在一開始奠定扎實的基礎，之後又能隨時代應變，背後有一段不爲人知的歷程。

在拒絕聲中，培養明天的實力

金革的錄音帶、CD，一開始並未在店頭銷售，在一九九六年七月以前，你無法在書店、唱片行買到任何金革的產品。當時我們採用的是「直接推銷」，由業務人員以直接拜訪的方式推銷產品，與「傳銷」方式不同。

所謂「直接推銷」，是由推銷員拿著一項或多樣的產品，挨家挨戶到陌生人面前向顧客推薦，供顧客選購。在國外，這種銷售方式稱爲「DOOR TO DOOR」，日本尤其流行！

在那個賣書的年代，我們一群夥伴各自騎著摩托車，帶著一套又一套的書，找到一條街或一幢大樓，然後用兩條腿逐門逐戶地拜訪，一個接一個釘子去碰。賣一套產品，才能賺一點佣金，很多人會認爲，如果連一套產品都沒賣掉，不就賠了體力、時間、甚至自尊？

但是，我不這樣想。我認爲，推銷的成績是累積的，今天沒有業績，不代表沒有收穫；明天的成功基礎，往往就是在今天的拒絕聲中奠定的。十次拒絕，可能換來終身業績。體力、時間，只是暫時的付出。

一開始便有這麼清楚的觀念，是因爲在我推銷錄音帶的過程中，和顧客不斷接觸、談話，強烈體會到，對學生來說，買唱片簡直是家常便飯，但對一個忙碌的上班族來說卻困難重重。上班族平日生活忙碌，白天要上班，晚上要照顧家庭，假日又是難得可以陪家人和休息的時間，哪還撥得出時間好好逛唱片行？縱使逛了，由於資訊不足，面對上萬張的唱片，也不知如何選購。於是，我特意把市場目標鎖定在上班族。

發掘潛在市場，以服務帶動銷售

目標鎖定之後，就必須爲公司做清楚的定位。當時我將公司經營方向的定位是「爲上班族量身訂作音樂產品的專業行銷公司」，基於這樣的定位，我擬定了完整服務的範圍：必須把顧客需要的產品有系統地整理好，並提供足夠的資訊和視聽設備，把好的產品送到顧客面前，供顧客實際試聽，如此他們才方便做正確選擇，不會買到不夠喜歡的商品，確實節省他們的時間和金錢。這樣的銷售方式，一方面提供顧客全方位的完整服務，另一方面讓業務員有被需要的感覺，切實體會到自己存在的價值。

在這樣的理念下，金革的生意愈做愈大，而這都歸功於建立了「以服務帶動銷售」的正確業務觀念。

逐漸茁壯的金革，仰賴的便是推銷員。我認爲，推銷員是機動性很高的行動店鋪，一個推銷員就是一家商店，一家靈活不受限、可隨機應變的商店。以這個邏輯來思考，我發現「推銷」的市場好得不得了，台灣有兩千萬人口，就有兩千萬個顧客，永遠也開發不完。因此，我們非常重視推銷員的學習成長。

金革上櫃前有一百多個員工，其中一半是股東，平均年齡不到三十歲，但創業元老、年資超過十年的幹部比比皆是，他們很少超過三十歲，幾乎都在高中或大學時代，到金革做過一、兩次推銷工讀，就再也離不開了。如果把寒、暑假來打工的數百位工讀生也算進來，金革員工平均年齡可能還不到二十歲。

年輕加上團結，造就了強大的業務團隊。而這是因為我們用很多時間，創造了一個良好的學習環境，大家樂於交流分享，複製彼此的成功心得，並激發潛能。經我指導的工讀生，過了一個暑假，不但賺足學費，還能學到很多生活經驗，培養足夠的自信。

重視細節才有品質

一般人多半排斥「推銷」，這是理所當然的，因爲很多推銷確實是欺騙行為，我們深信，低價高賣、表裡不一、品質不佳或物非所值，是推銷失敗的重要原因，所以我們絕對要做到童叟無欺，讓顧客安心購買。於是，我們製作試聽片（LBB: Listen before you buy.），一張試聽片收錄九十九首音樂片段，為的是讓顧客在掏錢之前，自由選曲、仔細試聽。

同時，我也非常重視售後服務，務必做到顧客滿意為止。以我的經驗，推銷並不是把書或錄音帶賣掉就算了，當天晚上一定要打電話給買過的顧客，除了問好，還要提醒他：「你買的書一定要看，不然就太浪費了，那麼好的書，不看很可惜！」最好是能進一步分享哪幾篇非常精彩，建議他一定要看。

由於用心製作產品，加上員工普遍了解產品製作過程，因此員工對自己公司的產品有足夠信心，對所謂「顧客抱怨」也就有正面的解讀——很多顧客不滿意，往往只是因為不夠了解而產生誤會；只要熱情服務，解釋清楚，反而會加強顧客的向心力。所以，金革的員工不怕顧客上門抱怨，還將此視為加強服務的好機會。

就這樣，在每個小環節都用心的努力下，金革有很多老顧客，買過一次以後，只要是金革業務員介紹的新產品，二話不說，掏錢就買。許多顧客從跟我買書開始認識，一直買到現在，買齊了金革所有的產品。

所有穩固的顧客關係，都要歸功於接觸之後所產生的信任基礎，要是品質不好、服務不好，能有這樣的老顧客嗎？用心把產品規劃好，才能為消費者節省時間和金錢，也讓顧客相信不必出門，好東西會主動上門。

為全新的金革打造大舞台

但是，時代在變，環境在變，所以，經營型態也必須隨之應變。金革的變法是增加推銷通路、專案行銷、異業結合，再加上門市的第一線銷售。從此，在唱片的店頭市場開始出現金革的標誌，看見金革的產品，這是金革有史以來最大的變化，也衝擊了唱片市場。

不過，這也不是說變就變的。從一九九三年企劃，到一九九七年完成，花了四年時間製作的「中國交響世紀」，使金革具備了「變」的實力；再加上用半年時間，在各大百貨公司進行實驗性質的專櫃試賣，從而建立完整的門市經驗，我們這才敢放手進軍店頭市場。

至於眞正啓發我、使我產生變革想法的源頭，卻是集作家、導演、電視節目主持人、廣告明星於一身的吳念眞。

只要有人敢找我，我就敢做

一九九六年夏天，金革推出「歐洲情歌故事」十二張套裝CD，這是極大手筆的製作，當時請了好多位名人推薦，吳念眞是其中之一。

我記得那天是十二月二十三日中午，我請吳念眞吃飯以示謝意，地點在南京東路太平洋聯誼社，除了金革的夥伴，在座的還有當時雅虎台灣區總經理李建復、中廣名主持人賀立時、名作家楊曼芬等人。

那時候，吳念眞剛在電視廣告上露面，大家對他十分好奇，問道：「你本來是導演，一下子變成電視節目主持人，現在又成了廣告明星，你怎麼能什麼都做？」他回答：「我的觀念很簡單，只要有人敢找我，我就敢做。人家既然看得起我，我爲什麼要看不起自己？爲什麼要拒絕人家？只要人家敢找我，我就敢做給人家看！」

剎那間，我忽然開竅了。是啊！企業要擴大，就要亮相，就要大膽地接案、大膽地去做、大膽地讓人家知道。

在此之前，金革一直很閉塞，堅守著「直銷」這個通路，抱著「安安靜靜的態度」做生意，從不接受媒體訪問，一碰到記者，立即的反應是「沒空」。

但是，聽了吳念眞的話，我可以說是茅塞頓開。我想，大概連吳導演本人都不知道這段話對我產生多大的影響。觀念全面改變之後，便要付諸行動——我們必須要走出去，不能永遠守著一個地方！人的生命力要全部發揮出來，同樣地，產品的生命力也要全部發揮出來。做事業不能永遠只做這個推銷的通路，推銷員每天遇到的對象畢竟有限，那些沒接觸到的顧客，不就成了一筆筆錯失掉的生意？

邁向變革新時代

關著門做生意的時代過去了，金革要走出去，看看世界，也讓世界看看金革。就這樣，我開始逐步改變公司原有的組織結構，金革第一次有了門市的通路部門。我決心讓金革的標誌和產品出現在全省的百貨公司，以及所有賣唱片的地方。

金革本來只出版套裝音樂，因此也開始出版單張ＣＤ。

同時，我也開始接受各類媒體的訪問，還上電視，到處演講。

我能出去演講，都要感謝公司的幹部。本來我就經常送幹部到企業訓練機構受訓，自從我表示要打開知名度以後，那些出去受訓的幹部，一有機會就替我吹噓：「我們總經理也很會講耶！」尤其是早期在公司擔任公關企畫的蘇修儀和後期的劉麗貞，把我當藝人一樣推銷給媒體。由於我有很多實戰經驗，聽衆總是聽得欲罷不能，有了第一次，就有第二次，沒想到竟演變成邀約不斷。

因爲走出去，讓我大開眼界。有一次接受新光人壽鶯歌營業處經理林顯棻的邀請，到鶯歌演講，才曉得在這麼小的地方，竟然出現了全省業績最好的人壽保險單位。

也因爲演講，讓我的推銷經驗，經過整理變成有系統的理論。當我身爲推銷員時，碰到什麼問題，我就以什麼話術回應，完全是臨場發揮。但是，對外演講就不一樣了，聽衆跟我不熟，又從事不同的行業，不見得能立即領會我的意思，所以我必須更有系統、有條理，運用大家聽得懂的語言。畢竟那麼多人熱烈歡迎我，正期待從我這裡吸收經驗，我如果隨口講自己的語言，大家無法感同身受，聽不懂就會失望。所以我必須多做準備，將我的經驗系統化。這種種成長，都讓我打從心裡感謝吳念眞，因爲他，我改變了自己，也改變了企業。

談到金革行銷策略的整體改變，如同前面所提到的，必須先從「中國交響世紀」的誕生過程說起。

第2章

我要做交響樂！

困難的事，只要立刻行動就會解決；
不可能的事，只不過要多花一點時間而已。

一九九三年，金革進入第五個年頭，公司的營運狀態可說是好得不得了，士氣高昂，業績持續成長。雖然如此，我並不因此自滿，想到「盛極則衰」的道理，我覺得是改變的時候了。

自製金革的代表作

有一天，我忽然告訴夥伴們：「我們必須自製屬於自己的產品！」如今回想起來，我之所以會講出這句話，主要是當時金革一直在賣國外的音樂，從台灣到世界，經年累月出國看展覽、談版權代理，尤其是法國坎城的國際唱片展，每年都在展覽會會場，看到很多台灣唱片界的老闆或音樂總監。當時幾十個台灣人，大家每天看的、聽的、談的都是外國人的音樂。這種情形持續幾年，每次看展都愈看愈自卑——我們自稱擁有幾千年歷史，卻沒有一種音樂上得了國際舞台。也因爲在國外買了太多版權，我也期盼著有一天讓外國人回過頭來向金革買台灣音樂的版權，也讓外國人來談一談、聽一聽台灣人的音樂。

公司幾個重要幹部們聽到我提議製作屬於自己的產品時，都非常興奮。爲了實現這個願景，我們進行了一連串的討論，最後決定以下方向：

（一）必須蘊含台灣文化；

（二）必須是大師的作品；

（三）必須是大型的製作；

說到這套作品的孕育過程，就不能不提到我公司裡重要的製作人池恩，以及我們合作的音樂家，若非他們全力參與，我們肯定無法克服過程中層出不窮的困難。當時的製作部經理池恩，提出了一個關鍵的概念——經典，他認爲這套作品必須要能代表這個時代，尤其是在二十世紀即將結束、二十一世紀即將來臨的時刻。

賦予舊歌曲新生命

確認了「經典」這個主要概念之後，我們繼續挑選曲風。在腦力激盪的過程中，我們發現以中國這樣一個源遠流長、版圖遼闊的民族來說，民謠是最具代表的音樂，豐富無比，取之不竭。

民謠是最好的選擇，不管是在歷史的時間軸上或是在華人的版圖上，民謠縱橫在中國人的心靈中；當然，在跨世紀的紀錄中，理應有它一席之地。沒有一種音樂像民謠一樣，可以重溫時間的記憶和對土地的感情。但，問題來了，我們要如何呈現它呢？

金革的企圖心，就在這一階段展現。首先，我們試圖重新界定民謠的定義，並探討是否可能擴大選曲的範圍。畢竟音樂是給人聽的，好聽最重要，感覺也最眞實，若受限於曲風，而無法收錄悅耳的音樂，不也是一種自我設限？

於是，我們接著討論：民謠是什麼？音樂家可以說出一大套理論，但是我相信多數人和我一樣，認爲民謠就是在一塊特定的土地上，經過一段特定的時間，抒發一群人共同的感情。

討論到這裡，免不了要問：曾經流行過一段時間的民歌，算不算民謠？這些歌曲也是在一塊特定的土地上，經過一段特定的時間，抒發一群人共同的感情，只是音樂大師和歷史還來不及把這些歌曲放進民謠的殿堂。

那麼流行歌曲呢？我們認爲也是一樣，流行歌曲之所以會流行，便意味著它足以代表在那段時間、那塊土地上的人們情感，這些歌曲可能並未精緻到足以進入音樂的殿堂，但是，對於在那塊土地、活過那段時間的人來說，是非常珍貴的記憶。流行歌曲其實也是日記的一種，記錄著大地與人心的流轉變化。

討論至此，我們成功從市場的角度，分析大衆需求，重新界定了民謠的定義，擴大了選曲的範圍，但不擔心這一套音樂變得粗俗，因爲我們決定邀請大師來爲它催生——重新編曲以呈現新貌，使其蛻變成最宏偉精緻的交響樂。交響樂在音樂的國度有不同凡響的地位，可以賦予這套作品別致的風格；而爲了凸顯本土文化，呈現深刻情感，每首曲子皆以傳統樂器爲主奏樂器（如胡琴、笛子……）。

我們這麼做的理由很簡單，民謠在不同時間，應該有不同的意義，也就是說，我們要賦予舊歌曲新生命，所以一定要重新編曲。如果沿用過去的方式，編一套民謠大全之類的東西，根本就不算我們自己的作品，那有什麼意思？能建立什麼品牌？至於用交響樂，理由更是簡單，就是企圖心！我要把大家最熟悉的音樂、大家聽慣的旋律，用大師的功力，以最大的規模、最精緻的方式，做出最與衆不同、最具保存價値的產品。

成為時代的標誌

這個後來定名爲「中國交響世紀」十二張套裝CD的企畫案，就這樣初步決定了，接下來就是企劃細節。金革爲了這個企畫，組成一個五人小組，負責規畫。爲了爭一口氣，花了四年時間，投入超過兩千萬的資金，請來大師李泰祥監製，製作一套「中國交響世紀」。

其實，當時在台灣，不是沒人想過將民謠重新整理、重新編曲、重新出版，但是，在音樂的商業市場上，這樣的做法被視爲不討好、沒有賣點，大家公認這是小衆市場的產品，沒有人願意投資大筆資金、時間、心力去冒險。因此「中國交響世紀」一出，同業一致看壞，大家都覺得我瘋了，一套十二張的CD，要價三千八百元，內容卻是交響樂，誰會花這麼多錢購買呢？

但我認爲這個觀點是不對的，只要讓它成爲「時代的標誌」，就有賣點，就有市場，而且這將會是長久生存的大衆商品。對這一點，我有我的自信，做得好是我的企圖，賣得好是我的專長。空想不會帶來成就，唯有眞切走過，才能留下足跡。

聚大師，創造經典

如今回想起來，兩千萬加上四年的時間和一群音樂大師，馬不停蹄的會議、世界各地的奔波——台灣、香港、廣州、上海、北京、莫斯科……這一切爲的就是要有一個專屬金革的傲人作品！過程複雜而艱辛，光是選曲和物色音樂家，就整整花了我們半年以上的時間。

李泰祥重出江湖

首先，我們必須找到統籌音樂的人選。當時我提出的第一個人選是李泰祥老師。後來爲了讓整個企畫案更加周延，我們並未就此定案，而是同時列了許多音樂家，多方接觸討論。結果繞了一圈回來，最後大家認可的還是李泰祥老師；於是透過古典吉他演奏家林平岡的介紹，我們拜訪了李泰祥老師。

李老師受過正統的音樂訓練，又玩過流行音樂，他的作品曾經在音樂界留下許多輝煌的紀錄（他也曾和波爾瑪麗亞大樂團合作，成功進行「橄欖樹」的大型演奏），還有他對音樂的熱忱及追求完美的執著態度……如此大師級的地位，無庸置疑，我們也一致認爲，除了他，不該再做第二人想。

其實，李泰祥老師本來就很想做這件事，如今有人登門來探詢合作的可能，他樂觀其成，雙方便一拍即合，溝通非常有效率。當然最重要的原因是，他有開闊的胸襟。

雖然進展順利，但當時李泰祥老師因罹患帕金森氏症所苦，不但要常常跑醫院，還必須定時靠藥物控制病情，所以他已經很久沒有新唱片問世了。回憶起那段與李泰祥老師合作的過程：

有一天，我到李老師家討論編曲的問題。談到一半，只見李老師一邊用微微顫抖的手，辛苦地將藥丸送入嘴中，一邊用堅定無比卻誠懇的溫暖口氣，述說著他對音樂品質的要求。

在漫長的合作過程中，只見李老師不斷在各個小細節上琢磨、研究各種讓音樂更完美的可能性。帕金森氏症對他的思考、創作絲毫沒有影響。正因爲他長期與病魔對抗，對生命有了更深一層的體驗，對音樂的感情也就更加的豐富。基於對生命的體認，李老師對自己的作品要求更加嚴謹、更加細膩。

當時我們就有一種想法，希望用宏觀的角度製作「中國交響世紀」，讓原先地域性很強的民謠或有代表性的流行歌曲，經過重新的詮釋編曲後，能表現不同的時代氣質。因此，我希望至少有四到五位不同地域、不同風格的音樂家參與編曲，如此才會有較大的視野，也更能呈現嶄新的風貌。

李泰祥老師很認同這樣的觀點，對人選也沒有意見，他只擔任諮詢的角色，在我們需要時提供意見。於是，金革動員所有的力量去尋找適合的音樂家。

金革的董事長陳建章和我親自出馬，前往大陸考察，企圖發掘音樂人才。一到大陸，我們就大量收購和民謠有關的現代音樂作品，希望從聽衆的角度去尋找音樂家。這是一件費時費心的工作，光是在香港，就買了約三百張CD。我一個人在飯店房間裡一聽再聽，發現其中一張由雨果唱片發行、姜小鵬編曲的作品「彩雲追月」，編曲編得非常好，感情豐富，旋律優美。於是我們立刻啓程前往上海，想實際接觸看看這個姜小鵬究竟是何方神聖。

姜小鵬視野寬廣

帶著姜小鵬的CD，我們在上海透過各種關係，包括當地的台辦、藝術界等任何可能找到姜小鵬的管道，都去打交道。當時姜小鵬在上海早已是音樂界的知名作曲家，原以為很難接觸到，沒想到消息才放出去，他立刻打電話到飯店來。

姜小鵬是上海音樂學院作曲系的副教授，華裔加拿大人，上海長大，移民加拿大，學成後回大陸一邊教書、一邊從事音樂創作工作，獲得大獎無數。我和姜小鵬談了幾次後，確定他是最適合的人選之一。我的觀點是，他的氣質兼併中西，又有世界觀，在大陸成長，精通傳統樂器的配置；主修小提琴和作曲，對古典音樂有很深的研究。

為了確定姜小鵬的實力，我們還親自到他在上海音樂學院的個人宿舍，看看他的實際創作。在兩個榻榻米大的房間裡，除了鋼琴、小提琴，就是一些樂譜、圖書和幾包泡麵……姜老師在電子合成器上，直接用音樂跟我溝通，我提出我想要的，他立刻用合成樂器，一面唱出旋律，一面彈奏出音樂，然後說明將會如何配置樂器。在此同時，我見識到了他的實力和音樂家的本性。

杜鳴心氣質過人

這樣看來，似乎尋找音樂家的過程不費吹灰之力，一談就成；其實不然，在此之前已經談了很多位，只是不見得合適。我當時派池恩到北京找杜鳴心參與的過程，就是一個典型的例子。

當時，我大哥陳建章透過北京的關係，由北京音樂界推薦了十二位音樂家，這十二位音樂家被公認是北京的佼佼者，池恩奉命渡海去談。

他到了北京，和這十二位音樂家一一接觸，送企畫案，談觀點，談別人的作曲，也聽他們自己的作品，但是一個都沒談成。池恩說：「他們確實很好，也很願意參與，不過，總覺得不夠契合。」池恩無法很精準地描述那種感覺，也覺得對他們很抱歉。

當時，杜鳴心是北京中央音樂學院作曲系教授，並不在這十二位名單之內，池恩是如何發現杜鳴心的？原來是我大哥透過音樂人蔡順貴，輾轉找到杜鳴心在台灣的學生王守潔介紹。王守潔和池恩談起大陸的音樂大師，第一個提到的就是杜鳴心，說杜鳴心在大陸音樂界的地位，一定在前三名之內。

池恩去北京，當然也準備拜訪杜鳴心，那是談了七、八個音樂家之後抽空去的。他說：「我見到了杜鳴心，聊了一些想法之後，杜老師才拿出他的作品，現場一聽完，就幾乎確定是他了。」

池恩形容說：「杜鳴心的作品實在太流暢了，好的作品是聽了才知道，好音樂不需要文字描述，不需要多餘的說明，讓人感動才是最真實的，杜老師的作品就是這樣。」

池恩是直接到杜鳴心的家裡拜訪的，他發現杜宅的擺設極其拙樸，流露長時間沉潛的氣韻，而杜老師的風範氣質，感覺溫婉卻又氣蘊豐厚，讓池恩宛若置身於歷史長河之中。在這樣的氛圍裡，池恩不得不折服了，說：「這是假不了的。」

很多可貴的品質，都是實際接觸後才發現的。

其實，杜鳴心是一位國際級的音樂家，一九九五年名列英國《劍橋名人辭典》，美國迪士尼樂園環幕電影中國館的配樂就是他的作品，他過去也有和台灣唱片公司合作的經驗。

眼前就有這麼一位最佳人選，池恩還能有其他選擇嗎？

沙卡洛夫飛越蘇聯？

至於俄羅斯的沙卡洛夫（Sokorov Boris）倒是比較簡單，大哥在坎城唱片展中，透過兩家英國公司找到了一位俄羅斯的唱片製作人西蒙（Simon），再透過西蒙找到任職於莫斯科國家廣播電台、被譽爲桂冠詩人的作曲家沙卡洛夫。然後，跑了一趟莫斯科，事情就搞定了。

這件事進行得非常順利，主要原因是找到對的經紀人，然後把條件開出去，國外的公司在這方面比較有制度，你想要什麼樣的人，只要講得夠清楚，他們就能找到。

三個中國人加上一個俄羅斯人，這樣的組合看起來很奇怪。但我們本來的構想，就是要找一個外國的作曲家參與，唯有如此，詮釋出來的中國民謠才會更宏觀。而爲什麼會去找一個俄羅斯的作曲家呢？一來，俄國樂團演奏的水準高；再者，商業的氣息比較低，價碼比較好談，這些都是重要原因！

高規格的跨海合作

等到搞定四個負責編曲的作曲家，都已經是一九九四年了，進度有如箭在弦上，必須盡快進行。緊接著的難題是，分散各地的四個人如何溝通？怎麼分配工作？要把四個人集合在一起，簡直困難到極點，有時間的問題，有出入境資格的問題。結果，他們四個人沒有辦法當面一起討論，只有交叉見面，雖然個別都見到面了，但不是同時四個人聚在一起。幸運的是，他們都是大師級的人物，雖然沒有一起見過面，溝通卻一點問題也沒有。

大師自有他們的語言，有他們心靈交流的默契，是旁人無法想像的。一開始從他們的專長和特色來考慮各自負責的工作範圍，但經過一再的協商，結果卻出乎意料——姜小鵬負責中國傳統民謠和台灣民歌，杜鳴心負責台灣的老民謠，李泰祥負責台灣老歌和六〇年代的流行歌曲，近代流行歌曲則交給沙卡洛夫。

這樣奇異的分配方式，背後依據的當然是另類觀點，也就產生諸多複雜的流程，於是，擔任執行製作的池恩必須一肩扛起繁重的溝通任務。而必須如此的原因是，我們做了仔細的觀察和討論——

姜小鵬負責中國傳統民謠和台灣民歌編曲，因爲他能用國際的視野、全球的角度來詮釋，賦予舊歌曲新生命；我們希望杜鳴心從中國音樂家的觀點，來看台灣民謠；李泰祥則能賦予大家熟悉的老歌時代的意義；至於近代流行歌曲交給沙卡洛夫，是因爲我們認爲，這個時期的流行歌曲，已經和國際潮流結合，國際上的音樂家，怎麼看台灣的近代流行歌曲？能不能有新的詮釋？這是我們的期待。

總之，我們希望讓老歌聽起來有嶄新的感覺，這也是我們最原始的企圖。

這樣宏觀的構想和衍生出來的後續工作，讓大家非常辛苦，過程中波折迭起，但也因爲波折多，讓我們成長更大。

以池恩和沙卡洛夫合作的例子來說，沙卡洛夫不了解台灣，當然更不懂「天天天藍」、「玫瑰人生」的意涵了。對彼此而言，這是很大的挑戰。爲了避免他完成的作品太俄羅斯化，所以我們得先做功課。

池恩必須先把選好的國語流行歌曲，將歌詞翻譯成英文，附上背景說明，最後再加上小提琴獨奏的錄音帶。這樣沙卡洛夫才能初步了解，一首歌的情境是喜？是悲？是苦？是樂？也才知道斷句在哪裡，弓的落點在哪裡。然後，沙卡洛夫編好兩種版本的新曲，再用電子音樂錄音做成樣帶，寄到台灣。池恩和我一起聽過、討論之後，再以長途電話和沙卡洛夫反覆溝通，一直修改到滿意爲止。

四位大師各有各的風格，但爲了讓作品盡善盡美，大師也時時在調整自己。譬如說，杜鳴心雖然有點了解台灣，但並不十分清楚台灣老民謠的故事。於是，池恩又得做功課了，不斷傳送資料。而杜鳴心畢竟是大師，創意不斷，在「安平追想曲」中，他結合了交響樂和口琴，很大膽也很難配合，經過多次的溝通，一試再試才成功，呈現出來的感覺卻好得不得了。

姜小鵬也一樣，本來他很擅長處理管弦樂，有一次到莫斯科錄音，由於「新莫斯科愛樂交響樂團」在銅管上的表現特別傑出，於是，他重新改寫已經做好的十二首曲子，加入大量的銅管。這樣一改變，尤其是用在「龍的傳人」這首民歌上，頓時營造出不同凡響的氣勢。

李泰祥十分講究臨場靈感，雖然曲子都已經編好，但在演奏的時候，他經常有不同的靈感出現，在錄音現場就立刻修改起來了，耗費的時間十分可觀。他當時病情不是很穩定，寫譜的時候，有時手抖得厲害，往往就寫錯格子，當他拿起橡皮擦要擦的時候，手一抖又擦錯了格子，這一錯，剛剛寫了什麼，他也忘了，整首曲子的旋律又必須重新寫過。

勇奪大獎，市場迴響

這樣克服萬難、力求完美才完成的作品，怎麼可能不好？但是，時間和經費都超過了預算一倍。所以，本來預定兩年完成的企畫，整整花了四年時間；預計投入一千萬元製作費，實際卻花了超過兩千萬元。這套「中國交響世紀」到一九九七年下半年度才上市，雖然拖了四年，然而由於在製作過程，我一直定期對業務同仁分享過程中感人的事蹟，因此產品尚未問世前，全公司就已在期待中摩拳擦掌，等著大幹一場！

「中國交響世紀」是金革第一套自製的作品，也是台灣最成功的套裝音樂作品，更是金革第一個推上店頭市場的作品。皇天不負苦心人，「中國交響世紀」勇奪兩項金曲獎，得到市場廣大的迴響，第一年在全公司動員的努力下，就創下三萬套、金額一億一千四百萬元的銷售佳績，成功爲金革開創新紀元。這套作品證明了我一直以來的觀念：「要做就做最好的，你一定可以做到！」

第3章

讓個位子吧！

成就卓越的人，都有一個共同的特質——目標明確，專心一致，堅定而持續的努力。

從出社會開始賣書以來，我從沒想過讓自己代理的產品上架，走上門市通路。除了自認爲我們是專業的音樂直銷公司，且直銷業務已經很賺錢之外，我的想法很單純，也缺少一些自信，有許多不夠正面的思維。我當時認爲，唱片門市是由流行音樂主導，豐華唱片有阿妹、SONY唱片有麥可傑克森……我們沒有大牌歌星，金革這塊招牌又不夠響亮，進了門市，我們憑什麼去跟人家競爭？我們拿去的錄音帶、CD，又能放在什麼地方？

但爲了讓金革的產品發揮最大的生命力，我下定決心，不論多困難，都要把金革的產品推到門市，推翻舊有的銷售方式，攪亂台灣的音樂市場，占有屬於我們的一片天。

還記得當我決定進軍門市時，業務員經常沮喪地回來報告：「唱片行不願意進金革的貨，他們嫌金革一沒知名度，二設計完全不合市場所需……」這的確是極大的問題，唱片行不願意進貨，如何在市場上建立地位？

試聽機無限制投資

一九九六年二月，我前往坎城參加國際唱片大展。展覽結束以後，我和大哥、企畫部主管一起到巴黎逛大街，當然少不了要逛逛當地的唱片行。逛到維京（Virgin）唱片行時，我發現到處都是Nakamichi試聽機，許多人站在試聽機前聆聽機器裡的CD，聽完之後，就拿他們要的唱片到櫃檯結帳。我也選了幾台機器試聽，沒想到透過試聽機播放的音樂特別好聽，也許是耳機直接接觸耳朵的關係，連我聽了都忍不住買了好幾張。

就在那個時候，我已經知道如何讓金革的產品進入唱片行了！

回到台灣，我第一件事就是找來業務部主管陳寬達，請他找出Nakamichi試聽機的代理商，由我直接跟他們老闆談進貨價格。談好之後，我再請陳寬達到各唱片行放出風聲——金革要在唱片市場建立新氣象，任何唱片行只要提供空間，金革就提供最高檔的試聽機，包括耳機和陳列架。

我的策略是試聽機無限投資，以試聽機來打開金革在門市的空間。當時Nakamichi是試聽機的第一品牌，連架子一組售價高達四萬五千元，一般唱片行和唱片公司捨不得投資，多半採用大陸製機器，故障率奇高，給商家製造了很多麻煩。一聽說金革要免費提供最好的機器，唱片行的態度立刻大幅改變，以後逐年增加產品，金革也變成了唱片行裡陳列空間最大的公司。

凱文・柯恩大放光芒

有了試聽機，但若沒有強力商品，縱使有陳列空間，也難以競爭！開發更強的單張音樂商品，遂成了金革當年的重要工作。一九九八年二月，池恩前往法國坎城參加國際唱片大展，簽下Real Music的台灣總代理，從此凱文・柯恩（Kevin Kern）正式成爲金革的旗下藝人。透過企畫陳宗霖的用心規畫，業務部林佳慶的大力奔走，再結合試聽機的貼心服務，金革正式成爲唱片門市的重要供應商！

林佳慶是一個體力充沛的足球健將，有良好的業務概念，家裡是水電包商，跑業務時勤於幫顧客服務，連修水電、馬桶都包辦。曾經在玫瑰唱片行，爲了對方馬桶不通，親手幫顧客清馬桶裡的糞便；還有一次，玫瑰唱片電線走火，他剛好在現場，順手解救了這場火災危機，唱片行老闆吳楚楚爲此特別頒給他一個感謝的獎牌！

有了好商品、好企畫，再加上品牌第一的試聽機，以及熱心服務、積極認眞的業務，凱文．柯恩當年創下音樂市場的銷售奇蹟，一年總銷售量超過十萬張，變成國內鋼琴家第一紅人。此後凱文．柯恩音樂會場場爆滿，即便是有三千個座位的國際會議中心都一票難求，有如一線的流行藝人，連凱文．柯恩自己也覺得不可思議。

單張唱片進了門市，但金革的主力是套裝產品，一套CD就是十張以上，價格也超過單捲錄音帶與單張CD很多，在唱片行、百貨公司、書店，人家花三、四百元，就可以買到想買的東西，誰會掏出三、四千元，買沒聽過的東西？想要銷售套裝產品，走門市的路線確實很難。

套裝產品不適合在門市銷售，對於這點，我一直心裡有底，因爲一套就要價三千八百元，一定要實際試聽（listen before you buy），且要經過介紹，消費者才可能接受。不經過試聽與介紹，擺在那裡肯定乏人問津，所以我從沒考慮過要進門市通路。

套裝音樂進軍百貨公司

直到一九九六年春天，我忽然有了一個新的想法。那是春節前一天，我經過新光三越百貨公司，看到一個令人吃驚的景象，當眞是人潮滾滾，搶購成風。

我當時想：「如果能讓這些人搶購金革的音樂，那該有多好呢？」我是一個想到就會去做的人，何況，當時看到人潮就像看到「錢潮」一樣。過了春節，我把陳寬達找來，要他研究研究，只不過，我所謂的「研究研究」，其實就是「趕快去做」。

陳寬達個性積極，他在一九八八年讀台北工專升二年級暑假時，就到金革打工了，對我這位老大哥的作風，怎麼可能不了解？那時已經是二月底，他每天必做的工作，就是和百貨公司接觸。就這樣一點一滴地實地了解，他終於摸清楚百貨公司每年有幾個重要的檔期，如青年節、雙十節、週年慶等，都是吸引人潮的「促銷檔」，擺攤位最適合不過了，而青年節這一檔就在眼前。

機不可失，陳寬達積極行動，但只有春天百貨一家願意跟他談。他不曾和百貨公司打過交道，不曉得百貨公司擺專櫃有很多限制——當時，春天百貨雖然同意了，在百貨裡設櫃的海山唱片卻不同意。因爲海山唱片和春天百貨簽有合約，明文規定任何相關影音商品，只准海山唱片一家公司設櫃。結果，我們得和海山唱片重新洽談，先前和春天百貨談的都不算數。

陳寬達不屈不撓，硬是和海山唱片談成了，但條件遠比一般行情要高，還要負責包底，青年節十六天的檔期得包賣五十萬元營業額。

海山唱片和金革算是同行，也聽說過金革推銷的本事，但聽過跟實際看到是不一樣的。他們同意讓金革設櫃，大有掂掂斤兩的味道。

對於這樣的挑戰，我們當然充滿期待，也樂意接受。陳寬達透過海山唱片在百貨公司的系統，在同一檔期也進入永琦百貨和台中廣三SOGO設櫃。

對金革和陳寬達來說，這是一次很難得的經驗；而對後來金革進入門市通路，更有特別的意義。可以這麼說，沒有這次的經驗，金革可能永遠不會轉變經營型態，增加一個穩當的通路。

陳寬達從來沒有在百貨公司賣過產品，但是他極有信心，以前他在直銷部門一個人掃街，挨家挨戶拜訪陌生人，一天都可以做出好幾萬元的業績，順利的時候，更經常超過十萬元。如今百貨公司人潮在眼前，不請自來，怎麼可能做不好？但經驗不夠，考驗重重！

他親自坐鎮在春天百貨，開張的第一天是星期六，就挨了悶棍，從早上十一點站到晚上十點，總共只有兩萬出頭的業績。第二天星期天也一樣，業績就是上不去。

金革的攤位，就在海山唱片旁，悲觀地想，人家的賣場近百坪，金革只有半張辦公桌大小；人家有幾千種產品，金革只有五種；人家一個單位的產品賣三、四百塊，金革的產品一套單價接近四千塊。這種生意怎麼做？

從失敗中奠定成功的基礎

陳寬達是工讀直銷出身，在金革經歷多次業績競賽都名列前矛，當然不是悲觀的人；相反地，他企圖心很強，絕不輕易放棄。他一直想，人潮這麼多，爲什麼生意就是做不起來？他不服輸，仔細觀察百貨公司的顧客購物型態，終於有了領悟。

他發現在百貨公司推銷，和一般一對一（one by one）的推銷技巧完全不一樣。至少在「促成」這個關鍵點，掌握的時機不同，節奏也不一樣。同時，推銷時太緊張，放不開，畢竟從來沒做過，而緊張是推銷最大的敵人。

有了這一層領悟，他改變了推銷方式，日日實驗。到了青年節那一天，業績終於飆高，做到七萬元。他開始建立信心，從此業績天天上揚，最後一天做到了十萬元；十六天結算下來，業績衝到八十幾萬元，超過了包底的標準。這樣的成果，海山唱片非常認可，他們也知道這個數字很難得。

海山唱片的總經理古燕琴，是一個積極的企業領導人，她很清楚銷售工作及人員的重要性，全省十三家店的店長都由她親自訓練。從此以後，海山唱片和金革合作得更密切，也更愉快。

這次在百貨公司設攤，讓金革對這種型態的行銷，學到了經驗，也充滿了信心，同時更獲得一些教訓。

在百貨公司設櫃，確實有許多技巧，譬如，廣播和音樂不能太大聲，不能到別人的櫃檯去拉人，你必須用別的方式來吸引人潮。陳寬達認爲，這次在百貨公司設櫃是失敗的，因爲沒有爲公司帶來實質獲利。但是，我並不以爲然，取得經驗最重要，我甚至還認爲，這次設櫃的經驗，至少展現了金革的實力，我們只派出一個人，業績卻比人家一整間店還好，這個收穫大大的物超所值！

到了一九九六年底，我和吳念眞吃過飯，觀念全面改變後，指派陳寬達成立新的業務部門，全面進軍門市，不只是百貨公司，還進入書店、影音連鎖店、唱片行。

我心裡已經打好如意算盤，準備以「中國交響世紀」做爲金革打開門市的第一砲。由於李泰祥老師在音樂界確實有一定的地位，加上與店家洽談時，「中國交響世紀」又剛得到金曲獎「最佳流行音樂演奏獎」，所以進行得比較順利。當然，我們在百貨公司經營專櫃將近一年，業績有目共睹，實力就擺在那裡，也是能被接受的原因。

讓金革招牌打入市場

一九九七年七月，金革的「中國交響世紀」已經在全省各地的賣場上櫃。以過去陳寬達親自在春天百貨海山唱片的賣場銷售經驗推論，他對金革產品有信心，認爲：「門市的消費者能夠接受這樣的產品。」但是，我們在海山全省所有門市鋪了貨，一個月下來，七月份竟然只賣了四套，八月份賣五套……業績慘不忍睹。

做生意是很現實的。門市每天有高額的租金壓力，而大公司分好幾個層級，一個案子可能要談很久才會定案；然後，還要布置賣場，做宣傳……如果過了一個月，還沒看到任何成效，賣場的老闆不會有耐性等你業績轉好，只要業績一不好，就立刻要你的商品下架；對於廣告不足的商品，很難得到他們的重視和耐心。

陳寬達以在賣場銷售的經驗判斷：「沒有廣告，等於少了第一步引導。直接推銷是由推銷員引導消費者，推銷員用言語介紹產品，讓消費者動心。但是，產品進入門市以後，不像百貨公司的促銷期有各種誘因能吸引消費者。而金革的套裝商品，在門市沒有任何廣告，也沒有推銷員『促成』，一套又是一般唱片的十倍價錢，當然賣不出去。」

陳寬達研究後和我商量，他認爲：「金革要走門市的通路，一定要有一些促銷的手段；第一，加強賣場櫥窗的宣傳，增加顧客印象；第二，在媒體上做廣告投資，提升產品知名度。」

我這時已經決心讓金革的招牌打入市場，所以，加強賣場櫥窗的宣傳，絕無問題，我便要陳寬達放手去做。他也做得不錯，說服了所有賣場負責人，讓金革和李泰祥「中國交響世紀」的海報，在賣場中，得以張貼在和其他大唱片公司等量齊觀的位置。

至於廣告方面，我就有所保留了，只同意做少量的廣告，集中在音樂雜誌和電台的音樂節目，僅針對音樂的愛好者。我認爲，剛開始只是試驗階段，在沒有足夠經驗的情況下，做大量的廣告，有如爛賭。

我要求陳寬達在心理上轉變，我認爲，他一開始把賣場的店員，當作合作對象或推銷對象，這麼一來，只是讓賣場接受了金革產品。雖然賣場喜歡了，但對銷售一點幫助也沒有，因爲銷售眞正的對象並非賣場，而是逛賣場的顧客啊！

於是，我要他把我推薦給海山的古總經理，要他向對方保證，我可以藉著幫海山的店長和店員上課，提升賣場最少百分之二十的成績，讓他們的店員也學會銷售。這樣觀念的轉變，讓我出門演講產生另一種意義——我不但在公司裡複製自己，也要在別人的公司複製自己了。

我處理的辦法是，把每個門市的店長和店員，當成我公司的業務員，提升他們的銷售技巧和對產品的專業。推銷的技巧加上門市的訣竅，一定會帶動門市的銷售。

事實上，這樣的策略生效了！十月份，我應邀到海山唱片北投總公司，爲全省門市店長上課。爲了這堂課，我連續兩天去百貨公司現場，觀察他們實際銷售的行爲，並以顧客的身分至門市購買金革產品，了解店員實際面對顧客的銷售行爲。到了課堂上，再以實際體驗的感受，談及「中國交響世紀」應有的銷售方式，除了讓店長們直接聽音樂，並介紹音樂背後的故事，以及感人的製作過程，也實際演練現場推銷該有的反應給他們看，當然更不忘給他們適度的讚美和肯定；我還贈送每個店長一張「中國交響世紀」的CD，並提出獎勵銷售的辦法。

往後海山的表現也不失所望，當時我們在海山全省百貨公司所有店面都鋪了貨，同一年從七月到十月，共四個月，累計才賣了三十三套「中國交響世紀」；到十一月，單月就賣了四十四套，十二月賣了四十五套，第二年光是一月份賣了超過五十套。

海山古總經理看到業績的成長，以後對金革更有信心，於是彼此的合作關係就一直延續下去，更進一步延續到其他非海山的門市系統。更重要的是，這樣的業績，使我看到門市的希望和未來。

金革的門市推廣部門持續擴張，改變了整個公司的組織，同時也擴大了市場的規模和知名度。

第二部

獨特的業務基因

我知道自己條件差，只能比別人付出更多，來換取機會。
從事業務工作的過程中，必定會遭遇許多困難和挑戰；
困境和貧窮，反而成為我最大的動力，
激勵我碰到困難不逃避，從挫折中尋找新的出路。
我常說：「你一定可以！」
只要你肯做，天下沒有做不到的事，也沒有達不到的目標。

第4章

貧窮，是最值錢的寶藏

拋開所有保護，迎向一切試煉；所有挫折傷痛，將一天天磨出我們強大的生命力。

我搭計程車和司機聊天時，最常聽到的是司機們抱怨社會的不公不義，不然就是聽到一些自認懷才不遇的遭遇。但我看過一本書，裡面有一句話：「年輕人不必擔心未來如何，只要在現有的行業裡，專心投入，有天猛一抬頭，你將發現你已經是業界裡的菁英之一！」我對這句話深信不疑，實際上從我的創業過程和收穫來看，更能印證這個道理。

金革成立之後，我一直在推動的就是活力和熱情。我在辦公室營造自在的氣氛，鼓勵大家聊天、交換經驗，我也在公司裡熱情地穿梭，實際參與同仁的分享。許多同仁很喜歡跟我分享，也喜歡聽我分享，下了班還捨不得走，好像我有什麼特異功能。其實，是因爲我有跟年輕夥伴們一樣的經驗和語言，在他們跟我分享時，通常都會得到我實質的讚美和肯定，那是他們極度喜歡的；另外，由於我比一般人早出社會，在讀高中的時候，就有很豐富的社會經歷了。艱苦的打工生涯，留下很多紀錄和故事，這也是他們愛聽的。而這些經驗的分享，也使他們格外珍惜工作機會，珍惜彼此的相處。

我最常講的一句話是：「不斷地接觸，就會有不斷的發現。」每碰到一件事，每走過一段經歷，我都會去思考、去體驗，把它變成可貴的智慧。下次再碰到相同的情況，就會駕輕就熟，游刃有餘。

我從不抹滅過往的經驗，反而不斷重複運用，使它們深深烙印在腦海裡，隨時都可以像翻書一樣檢閱。不論別人講什麼，對我而言，都不過是生命裡的小章節，打開就有答案，因此我很容易就能參與同仁的談話，做出良好的互動。

這些能力都是源自於我的成長背景。

小時候，我家境並不好，父親是港務局的小公務員，卻要養育七個兄弟姊妹。我們一家九口擠在暖暖區的十七坪小宿舍裡，生活可說是十分艱辛。偏偏我還不學好，不愛讀書，一上國中就被分到「放牛班」。

放牛班中練體力

我讀的那一班，是調皮份子的集中營，顧名思義叫「放牛班」。雖然大家功課是比爛的，但體力卻一個比一個好。當時，我們的班導師施伯鴻，擁有如明星阿諾・史瓦辛格般的健美身材，走在路上、站在台上，都威風凜凜！施老師認爲放牛班學生畢業後的出路，不是升學，而是就業。所以對學生的成績要求不高，但是，對學生的體能訓練要求卻很嚴厲，一下課就要求學生在教室做伏地挺身、仰臥起坐、單槓、雙槓……外加跑五千公尺！他的用意就是把學生操得人仰馬翻，讓我們不但沒有精力使壞，還能擁有強壯的體格，比較容易適應出社會後的工作與生活。

每天這樣搞到放學，還沒完，全班還要一起清洗教室。這可不是掃掃地就可以了事的，還要用肥皂水抹地，必須做到教室清潔溜溜、光可鑑人。

我的體能就是那段時期練出來的，那個時候，我一口氣可以做一百三十五下伏地挺身、仰臥起坐一百下、單槓迎體向上二十下……身體確實練得不錯，不過書也眞的沒怎麼在讀。國中三年級，開始面臨高中聯考的壓力。偏偏我不只是成績差，連讀書的意願也沒有。家人很緊張，剛好親友的家裡開了一間英文家教班，人數很少，父母親就硬逼著我去上課。

那時候我才十五歲，已經到了思春期。後來，我怎麼也想不通，進社會以後，我從沒心思交女朋友，爲什麼那時候偏就特別仰慕家教班的一個女生？爲了這個女生，我倒是花了不少時間，英文也讀出一點成績，只是其他科目的課本根本沒摸過幾次，到這時候才想趕上進度，簡直難如登天。所以，基隆的高中聯考還是考掛了。

在那個年代，不讀書好像就沒什麼出路了！至少家裡的人這麼想。想要繼續升學，也只有上國四班了。雖然是國四班，也有好壞之分，必須好好選擇。母親看準我一向不會主動讀書，便在鄰居長輩的建議下，找了一家人稱「牛頭馬面」、實施打罵教育、強硬教學的「學而」補習班。她帶著我上台北去「學而」補習班報名，萬萬想不到的是，我的聯考分數太低，補習班當場拒絕！

沒有一個母親對子女的教育不盡心盡力，這家補習班不收，就到另一家。母親帶著我，頂著大太陽，一家一家問，終於找到一家「大中」補習班，班主任姓傅。一開始，傅主任問了我基隆聯考的總分後，就搖搖頭；我站在旁邊，眼睜睜看著母親拚命拜託，苦苦哀求，只希望傅主任通融一下，讓我報名。

可能是母親的態度感動了傳主任，他同意考一考我的英文，只要英文有一點基本程度，他就勉強收下我這個學生。還好前一陣子在家教班，為了博得那個女生的好感，我對英文下過一點苦工，這才勉強過了關。

在補習班，我親眼看著母親掏出錢來繳補習費，整整七百元，那對我來說可是一筆天文數字，對家裡更是一筆沉重的負擔。

記得國中的時候，每學期我幾乎都沒辦法按照規定的日期註冊，因為一到開學，家裡就有七個小孩要註冊，一時湊不出錢來是很正常的；總得等母親跟鄰居借到了錢，再去補註冊。那時候我沒什麼感覺，只覺得補註冊對我有好處，就是不用繳作業。我當時只貪圖玩樂，一想到不用做作業，只有滿心歡喜，根本不懂家境困難、父母辛苦。直到親眼目睹這一幕，我才有了一絲絲慚愧。

或許正因為費盡千辛萬苦才進了補習班，學費又如此驚人，我在那一年真的下定決心好好讀書。上課專心，半夜苦讀，等到第二次高中聯考，我考了五百四十六分，進入建國中學夜間部。

進了建中，一上課就原形畢露，像我這種惡補考上的程度，再加上緊繃了一年的心境忽然間完全放鬆，根本就無法專心讀書，上課聽不懂老師在講什麼，也聽不進去。

於是，我又恢復國中時的德性，四處交朋友、鬼混。在這段時間，我經常上西餐廳、泡撞球間、參加舞會、打麻將、玩梭哈……我的朋友都很有錢，父母有身分、有地位，不是大官就是銀行經理，再不然就是大老闆，交了這些有錢的朋友，讓我在外面的吃喝玩樂都由朋友請客。爲了讓自己口袋裡也有幾個錢，好拿來請客、上牌桌，我一有機會就告訴家人要交補習費，以欺騙的手段取得玩樂的花費。

關懷來自親身體驗

這種生活過久了，我變得很自卑，書讀不好又沒錢，誰願意永遠騙父母、吃朋友的？因爲有了這個念頭，從高一暑假開始，我就認眞打工，我想在口袋裡裝滿錢，偶爾也能大方掏錢出來做東道主。也在這時候我才知道，賺錢眞的很難，要找到一份工作更難。

高一時剛放暑假，我到基隆七堵的日商「美上美電子公司」應徵作業員。八點半才開始登記，我七點就到了，沒想到門口早已大排長龍。我排在很後面，等了將近兩個鐘頭，好不容易快輪到我，有個小姐出來宣布已經滿額了，我頓時傻眼，只好失望地離開。

後來，我找到的第一份工作是清潔下水道，地點就在今天的南京西路新光三越百貨地底下。每天鑽進大樓地下室的下水道摸黑泡水，水裡什麼東西都有，我就曾經被鐵釘刺傷腳掌、摔到坑洞……不但辛苦，還很危險，我是咬牙硬撐過來的。這麼賣命，一天才賺一百塊錢。不過，做了一個暑假，也累積了幾千塊錢的收入。

我的第二份工作，是在高二的寒假，跑到八堵挖馬路、埋水管。工頭用鴨嘴鑽鑽地，我在旁邊用鏟子把鑽出來的石塊鏟到畚箕裡，再挑到卡車上讓別人運走。我年紀小，個子也小，搬運的速度怎麼也比不上一般工人。工頭好像對我很不滿意，一面罵三字經，一面死命催。我戰戰兢兢拚命做，才做一個小時，手心就磨破了皮，血都滲出手套，還不敢讓別人知道，就怕工頭說我細皮嫩肉，不讓我上工，那可就完蛋了。

我把這件苦工當作寶一樣維護，還好工期不長，十五天就結束了。結束的第二天，我跟著一群工人到工頭家去領錢，大夥卻怎麼樣也找不到工頭。據說，工頭把所有的工錢都賭輸了，人也跑了！

我後來創建的金革，對工讀生會這麼有吸引力，不是沒原因的。我從高一開始打工，每個暑假做的工作，都是又辛苦、收入又少，我因此很能體會工讀生的心情，也了解工讀生的能耐和價值。有一年，金革有個就讀淡江大學的工讀生廖壬梅，出門拜訪客戶的時候，剛買不久的摩托車被偷了，哭喪著臉回到公司。我知道後，就請她進我的辦公室，聽她努力工作的過程和失去摩托車的心情，除了給予鼓勵和安慰，還對她說：

「放心，明天妳就會有一輛一模一樣的新車。」

當天晚上，我就請業務主管去買一輛一模一樣的摩托車，第二天親手把車鑰匙交給那位工讀生。摩托車金額的龐大，對工讀生的負擔和重要性，我心有戚戚焉。我花錢買一輛摩托車送她，最重要的原因就是「我不能讓一個認眞的工讀生貼老本」。

只有珍惜才有機會

對這種情境之所以能夠感同身受，主要是來自高二暑假，我跑到鶯歌的貨運行當綑工的經驗。當時報上登的廣告明明說日薪四百元，去應徵時，老闆說：「你這麼瘦小，有力氣做這份工作嗎？」我說：「我體力很好。」他看看我，說：「那你先去把倉庫的貨搬到車上看看。」我當時力求表現，拚了老命，使盡吃奶的力氣。搬完之後，老闆說：「你搬這麼慢，我們只能付你一天兩百一十元，你要不要做？」我心裡雖然不爽，但也只能選擇接受。

上工後，每次搬貨，人家一次搬一大箱，我只能搬一小箱，人家一次搬三、四箱，我一次搬一、兩箱，所以只有以速度取勝。我每天就是不停地搬磁磚和馬桶，不停地上下卡車，每天都搬到汗流浹背，兩腳發軟！

有一次，司機在下面傳遞貨物，我在車上接，接到之後，再把磁磚排好。本來拋上來的都是一小箱、一小箱的磁磚，過一段時間，忽然拋上來一箱超大箱的磁磚，實在太重，我接不穩，又不能放手讓磁磚掉下去，剎那間連人帶磁磚，從車上摔了下去。我的人倒還好，只是手臂上擦破一點皮；但整大箱的磁磚可就毀了。老闆的妹妹把我叫到辦公室，說：「你摔破了整箱磁磚，這一箱要一千多元，公司只讓你賠八百元就好。」磁磚確實是我摔破的，除了點頭，我別無選擇。

還有一次，我隨車去馬桶工廠載貨，到了上貨地點，停好車，司機下了車，忽然問我：「你會不會倒車？」這個問話太突然，我來不及思考，也許是愛面子的關係，明明不會，卻直覺地反應說：「會！」司機就說，他先去辦領貨手續，車子停太前面了，不好上貨，請我先倒一下車。

我上了駕駛座，搞不懂怎麼倒車，手握著排檔桿胡亂試了一通，一踩油門，車子不退反進，撞上前面一堆馬桶，霎時乒乒乓乓，堆得高高的馬桶，全翻下來，摔破好幾個。整間工廠的人都跑過來看，司機也嚇呆了。我一回公司，再度被叫到老闆妹妹的辦公室，這次，可把我賠慘了。

那年暑假，我工作了一個半月，扣掉所有賠掉的錢，只領了一千兩百元工資。這兩份工作，看似讓我吃了很大的虧，但現在回想，卻是我這輩子最有價值的工作，是我奠定未來基礎最重要的寶藏！辛苦地付出，沒有得到什麼待遇，這使我出社會以後，懂得珍惜我所擁有的工作機會。別人可以隨便因為一點不愉快就換工作，我卻把工作抱得緊緊的；別人常常抱怨工作辛苦、錢難賺，但比起我曾經做過的，我卻覺得工作實在太輕鬆，錢實在太好賺！

自卑才能醞釀企圖

服兵役的時候，我抽籤抽到「金馬獎」，奉令前往金門防衛司令部當文書，這可是外島最舒服的大頭兵職缺了。但是，我在金門卻碰到一種特殊的文化。在金防部當兵的人，個個都來頭不小，許多是人還沒到，上面就打電話來了，家裡不是富商，就是大官。有些大專兵，每個月家裡都會寄好幾次錢來。他們除了荷包滿滿，沒事還喜歡講幾句英文，每天晚上就是吃飯喝酒、交際應酬；到了例假日，應酬還往下延伸到師部去。

這時候，我自卑得厲害，處處不如人，沒有學歷，也沒有錢，花錢時總覺得矮人一截。退伍後，有一段很長的時間，我都不敢和高中或當兵的朋友聯絡。因為他們都很有錢，我怕對方誤以為我聯絡的目的是想借錢。這種種留在我心裡的感受，造成了我的自卑，卻同時奠定了我上進的企圖心！

骨子裡流露的領袖風範

當兵前，我到淡水的下奎柔山一家針織工廠工作。剛開始工資是每天七十元，工作內容是把裁剪好的布料邊線剪掉。我每天都會看到工廠印花組的組長，拿著一堆印刷精美的印花用海報在查字典，查的都是很簡單的單字。有幾次，我忍不住告訴他那些單字的中文意思：房子、車子、森林、狗、畢卡索的畫……工廠的人都沒讀什麼書，剎那間我成了英文高手。工作沒幾天，就被提拔當夜班組長，薪水變成一天一百二十元。

在夜班，我跟工人相處融洽，沒多久就混熟了，大家開始喜歡往我住的地方跑，聊天、喝酒。我在工廠看到很多感人的畫面，許多南部來的小孩工作認眞，但整天接觸化學物品，尤其是印花部門，每天在三百度高溫的機器下工作，很多人全身長滿疹子，半夜全身發癢，睡不著，爬起來抓癢，也不好意思請假去看醫生。他們全都省吃儉用，每個月的薪水泰半都寄回家供弟妹讀書。

有一天，工廠忽然宣布全面調整薪資，每天改上半天班，原來一個月可以領到四千元以上的按件計酬工人，忽然間降成兩千元不到，大家都垂頭喪氣，擔憂、難過……

我雖然年紀還輕，但就是看不過去！星期天，我跟大部分工人說，工廠這麼不體諒員工，我們就全部不上工。星期一，印花部所有工人全跟著我到海邊玩。大家一早就出發，我帶大家游泳、玩騎馬打仗、搶國寶……到了中午，我再帶著大家回工廠吃飯，大家既緊張又興奮，覺得很好玩，但又害怕老闆生氣，處罰他們。

飯吃到一半，有工人跑來告訴我：「廠長大發脾氣，要辭掉我們所有人！」大家慌了起來，問我怎麼辦。我說不必害怕，老闆出了「車」，我們還有「砲」；先把飯吃完，我們一起去辭職，看他怎麼處理。我心裡很清楚，這些印花快手工作態度好到不行，肯定是工廠的寶！老闆之所以敢吃定他們，只是看準他們平日太乖、太順從。

吃完中飯，全部印花工人拿著打卡的卡片，跟著我到廠長辦公室，準備辭職。廠長立刻請組長邀請大家進會議室，他想跟大家談話。大家安靜地進入會議室，廠長誠懇而嚴肅地開始講述人生三大道理：敬業、負責、誠實。

廠長在講話時，我發現工人們好像犯了大錯的小孩，每個人都低下頭，不敢正視廠長。我覺得這個情況會讓廠長更得意，便舉手發言：

剛剛聽廠長講了人生和工作的三大道理，講得眞好，我非常感動。

但我在這家工廠工作了兩個多月，看到的是，工人每天在機器高達三百度的溫度下工作，每個人身上都起了疹子，半夜睡不著覺，全身都抓破了，卻還是賣力工作。他們每天辛苦付出，只為了下個月領薪水時可以寄錢回家，供弟妹讀書。

我也經常看到老闆開著凱迪拉克大轎車，沒事來看一下，有說有笑。我相信他的錢來自工人的辛苦努力，但我並未感受到他對工人的關心。

現在工廠訂單減少，忽然宣布減少工時、降低工資，而且是大幅降低，請問這些平日犧牲自己健康、爲公司賣命工作的工人做何感受？廠長在講述人生三大道理時，有沒有想到人性應該有的互相關懷？

我們這些印花工人都是男生，在高溫下工作，沒有冷氣機的設備也就算了，竟然連一部電風扇也沒有！更誇張的是，這些南部來的年輕人都非常害羞，偏偏工廠的飲水器裝在裁剪部門，那是女生工作的地方，這些男生因爲太熱，工作時只好脫光上衣；但爲了喝口水，就得穿好衣服，走到一百公尺外的裁剪部喝水，懶得穿衣服的人就忍著不喝水。

請問，剛剛講述人生三大道理的廠長，你看不到這些事嗎？

我講完之後緩緩坐下，只看到所有工人全部抬頭挺胸看著廠長。

因爲這次會議，廠長當場宣布，全廠工人薪資大幅調整，每台機器旁加裝一台電風扇，印花部也在第二天裝上一台飲水機。當然第二個星期我也沒了工作，但這次深刻的體驗，在我後來創業的過程中，完全顯現在我和員工的相處上。

第5章

困境是勇氣的苗圃

人人生而不平等，
只要我們擁有扭轉的勇氣和行動，
就具備扭轉局面的能力。

一出社會，我的人生目標就已經很明確了——要有錢。不過，想要有錢，也得先找職業。我雖然高一就出社會，有過一些工作經驗，但打工畢竟是臨時的，在心態上輕鬆太多。一旦要開始找正職，過了河的卒子絕不回頭，我可就非常慎重，心裡又急，壓力又大。

不當擁有一百萬的「陸地白痴」

當然，想物色好職業，只有上台北。每一次上台北找工作，先得要有車錢，也只有向家人伸手。可是到了台北，總是碰釘子，無功而返，人家不是嫌我沒學歷，就是說我沒經驗。挫折多了，人就更沒自信。

有一天，姊夫告訴我招商局正在徵水手，只要進船訓班受訓三個月，就可以上船，一個月的待遇萬把元，還會有其他收入。我聽了很心動，反正又找不到其他工作，除了船員，沒別的事可以做，當時就決定「下海」了。

大哥陳建章聽到這事，嚇了一跳。他剛從政治大學經濟系畢業不久，在國泰集團的關係企業「理想家飾」擔任採購科長，在台北租屋。爲了這事，特地打電話把我叫去台北吃飯。

「聽說你要去當船員，爲什麼？」飯後大哥談到了重點。

「我想賺錢。」我也直接說出目的。

「當船員是好聽，其實是當水手，一個月能賺多少？」大哥問。

「我打聽過了，一個月大概有一萬元待遇，再加上帶點私貨賣給委託行，聽說一個月可以賺到三萬元。」當時在基隆，船員帶舶來品回來，賣給委託行，增加些額外收入是很普遍的事情。

「你想要賺多少錢？」大哥又問。

「我想賺一百萬！」我當時根本沒有概念，只是隨便回應個數字。

「你現在一毛錢也沒有，能帶什麼私貨，私貨不要用錢買嗎？」大哥不留情面地當場澆下冷水。

「假設眞給你賺了一百萬，你又能怎樣呢？」

「有了一百萬，我就可以下船，做個小生意啊！」我一切想當然耳，還覺得自己的回答很成熟！

「你太天眞了，賺了一百萬以後，你也不過是一個口袋裡有一百萬的『陸地白痴』，什麼事也不會做。你以為做生意那麼簡單嗎？賺一百萬不知要工作幾年，你一個白痴做生意，三個月就賠光了。」大哥更加不客氣了。

我問他：「什麼是陸地白痴？」大哥說：「你每天都在海上，路上發生什麼事情都不知道，長年下來就跟一個白痴一樣！別人的談話你可能都聽不懂。」

我回答：「但我已經找了一個半月，根本找不到工作。」

大哥說：「那是正常狀況，我是政大畢業，剛開始也找了兩個月才有工作，一個多月找不到工作，算什麼呢？只不過是就業的尷尬時期，又不是世界末日！」

他談到當時在國泰集團的工作，說：「辦公室每天都有業務員上門推銷，那些業務員騎著摩托車，到處拜訪，經過不斷地磨練，幾乎每個人都很專業，能言善道，很有商業概念，可以判斷得出，其中很多人將來都會是大老闆。」又說：「我看你，天生就是業務的料，你去做業務，一定有出息！」

我說：「我又沒摩托車，沒學歷、也沒經驗，還沒談，人家就已經不想要我了。」

「沒經驗有什麼關係？我可以告訴你做家飾的經驗。」於是大哥傾囊相授，又說：「做業務，沒人在乎你的學歷，老闆要的是你的業績，沒摩托車我可以借你，你學會後去考駕照，再來想辦法。」

以後，每到週末，大哥就騎著他的偉士牌九十CC，從台北回基隆，再把車子借給我練習。

大哥的用心，我深有感覺，練車更勤，卻怎麼考也過不了關。第一次考駕照時，筆試一百分，S形路考也過了關，但總是在小地方出錯。當時的我實在太在乎了，心頭背著「考不上駕照，就找不到工作」的負擔；而只要沒考過，就要再等十五天，才能考第二次。在這樣的壓力下，導致愈在乎就愈緊張，愈緊張就愈容易出問題。還記得，有一次考試，車子停在鐵路平交道前面，因爲怕熄火，我打一檔，手按著離合器，拚命加油，等到轉綠燈，我一緊張，把手排檔整個放掉，車子就飛了起來，一旁圍觀的人，個個笑得人仰馬翻，還有人大叫：「哇，偉士牌九十也能飛啊！」

考了三次，拿到機車駕照後，終於順利在新莊找到一份倉庫管理員的工作。當時，我真正的目標是成爲推銷員，做倉庫管理員的目的，只是爲了籌買摩托車的錢。爲了省錢，動心忍性，「皮皮地」住在高中同學陳琮憲家裡，白天吃公司的，一頓都要吃三碗，晚上不吃，除非同學請客，硬是一毛錢都不花。

皇天永遠不負苦心人

住在陳琮憲家裡，一毛錢房租也不必花，但當時他家剛買房子，正在裝潢隔間，浴室的牆壁和天花板都已打掉，也沒有熱水，我必須等到天色暗了再摸黑洗冷水澡，以免走光。每晚回到那裡時，整間房子都是木屑，睡覺前都必須先把地打掃乾淨，鋪上紙板當床。雖然簡陋，但是在他家裡，每天都可以親眼目睹創業老師陳媽媽的努力。她在林森市場賣雞蛋外加批發，工作認眞的程度，文字難以形容。有一天我幫她分雞蛋，她隨口講起自己的生命故事，我聽了非常感動，對我影響很大！

陳媽媽是高雄人，年輕時是職業婦女，每天打扮得漂漂亮亮去上班，直到和先生結婚，才改行到台北賣雞蛋。他們生了五個小孩，孩子還小的時候，陳爸爸發現眼睛有白內障，到處尋求名醫治療，花光了家裡所有積蓄；後來動手術失敗，雙眼全盲。陳爸爸無法接受這個事實，每天晚上都一個人拿著枴杖搭計程車到醫院裡鬧。醫院沒辦法，只好請警察來將他帶走。

陳媽媽日日辛苦工作，要到雜貨店、餐廳……推銷雞蛋，到市場擺攤，還要自己騎腳踏車送雞蛋。孩子小的時候，她背著小孩、牽著腳踏車，一路送貨，每到了晚上，又要去警局帶先生回家。她說：「當時家裡沒有錢，街坊鄰居和親戚們看我這樣一個女人，先生瞎了，同時還要養五個小孩，縱使有錢，擔心我還不起，也不願意借給我！」

陳媽媽告訴自己，再怎麼苦也不讓小孩將來給人看不起。她不停地工作、拚命節省，因陳爸爸的眼睛看不到，家裡平日也從不開燈，我高中時第一次去他們家，五個孩子、兩個大人和許多雞蛋一起擠在林森市場一間不到五坪的房子，每天用的都是外面和別人家共用的公共浴室、公共廁所。

現在五個孩子都大了，陳爸爸雖然眼睛看不到，但靠著手的觸感，也能幫忙做雞蛋分類。幾十年過去了，攢下足夠的錢，她在台北和高雄各買了兩間房子。

陳媽媽的故事，讓我更加相信「皇天不負苦心人」，以後我做任何事，都全力以赴，不敢喊苦。

雖然一開始找到的工作不是我期望的業務員工作，但我還是很認真，深信只要像陳媽媽一樣努力，未來一定可以開創屬於我的康莊大道。我下定決心，絕不動搖，要做推銷員，就是要做推銷員，倉庫管理員這個工作，只是暫時的跳板。

倉庫管理員的月薪是四千五百元，我做了一個半月，存到六千元就馬上辭職。當時買一輛偉士牌摩托車，頭期款只要四千元，其他部分可以貸款，我用剩下的錢為自己添了些行頭。從此，我開始邁向下一階段的人生旅程。

第6章

沒路，就自己開路

失敗是生命的常態，請不要耿耿於懷。
不管跌了多少跤、前面又有多少橫逆，
繼續走，你將感受那柳暗花明又一村的情境。

「三萬四千零八十元，這是我們員工的待遇，如果不想月入三萬以上的話，請你不要來。」這是「出版家文化事業」當時在報紙上登的徵人廣告，他們要徵的正是我最想做的推銷員。

和當時制式的廣告相較之下，這則廣告的切入角度深富創意，尤其對像我這種一心想當推銷員賺大錢的人來說，特別有吸引力。這也是後來金革特別重視徵人廣告文案的原因，我們的每一則廣告都是語不驚人死不休。

菜鳥慢飛

我抱著興奮的心情去應徵，到了公司門口，人還眞不少，東一群西一群地交頭接耳，我自己一個人來，只能東看看、西看看，很好奇，還聽到有人詢問：「這是什麼工作，待遇這麼好？」

在這樣的場合，有人問就有人答：「待遇這麼高，當然是做推銷員。」

那個年頭，做推銷員和做保險一樣，在社會評價上好像都不怎麼高尚，不是到最後關頭，很少有人衷心願意投入這一行。大概只有我是異類吧，居然非業務這一行不幹。所以，我看到有人一聽是徵求推銷員就打退堂鼓，還覺得很奇怪：「推銷員不是最好的工作嗎？」聽過大哥的描述，推銷員既可以賺很多錢、又有出息的印象，已經在我當時的腦海裡根深柢固，不能動搖了！

終於輪到我「面試」了，戒愼恐懼，先把大哥教的說詞默唸一遍，才敢上場。

當時的面試官是業務經理浦錫仲，我心裡預計可能會問的問題，他都沒問，只詳細問了身家背景。一開始我有點失望，到了最後一個問題，才覺得有點意思。

浦經理問：「爲什麼要來應徵這份推銷工作？」

這可是讓我大大發揮了一下，我侃侃而談想賺錢、想創業的抱負，聽來就像個有熱情、有理想的青年。

結果，我當場就被錄取了，我不知道和抱負有沒有關係，只是看起來好像大部分應徵的人都被錄取了。第二天到公司上課聽簡報，浦經理對著這一梯次新加入的六個人講解工作性質和待遇。

我們的工作就是推銷《現代生活百科全書》，一套八大冊，印製規格是菊八開、一百八十磅銅板紙、彩色印刷、精裝，每套售價兩千三百元，每賣一套，業務員可以賺四百元。

其他簡報內容我都沒有認眞聽進去，腦子始終停留在賣一套可以賺四百元，如果一天賣兩套，就可以賺八百元，一個月可以賺兩萬多，如果一天賣三套，一個月不就有三萬六了嗎？哇，這太好賺了，感覺就要發財了！我心裡默默地想，這麼漂亮的書，任何人只要口袋裡有一點錢，肯定都會買，應該很好賣。

我打死都沒想到，竟然連續五天業績掛零，也就是我工作了五天，一套書也沒有賣出去。

在掛零的壓力下，尋找出口

出門推銷的第一天，我把目標放在南京東路。印象中，那條路是商業區，有很多高級的商店，猜想一定很好賣。但是，不管是禮品店、服裝店、旅行社，我在南京東路上走過來又晃過去，就是不敢進去，在門口東張西望，假裝沒事經過，一路走過去。

這時候我才曉得推銷還眞的有點不簡單，前一天上課的時候，我還在做發財夢，怎麼一上工，完全不是那麼回事？一個早上很快就過去，到了中午，肚子餓得發慌，找家麵店吃了一碗排骨麵，心想：糟糕！一塊錢都沒賺到，已經花了三十元！

吃完了麵，我坐在摩托車上，心裡不停掙扎。想來想去，知道繼續這樣下去不是辦法，反正大家都不認識，頂多是不買，有什麼了不起呢？想通了立刻行動，看到旁邊有家旅行社，立刻跨大步走進去。

進去之後，看到一個又一個打扮入時的小姐，眼睛繞了一圈、腦子一陣暈眩，不知從哪裡開始。就在這個時候，一個中年人進了辦公室，我就提著書莫名其妙地跟著他。他走到一張桌子前，拿起電話就打，我呆呆站在旁邊，他電話講了十幾分鐘，我也就站在他旁邊十幾分鐘。

他講完電話，看我站在旁邊，就問我有什麼事。

我說：「沒事，只是想請你看一下一套很棒的書。」

他看都沒看就說：「我不需要。」我沒多講什麼，說了聲謝謝就離開了。

接著我又繞到巷子裡，感覺巷子裡比較沒那麼恐怖，經過一家高級服飾店，看到店裡有個年輕漂亮的小姐，心裡又浮起同樣一句話：「反正彼此不認識，就當作練習好了。」

於是走到小姐面前，大方地說：「小姐，妳好！請問可以打擾幾分鐘嗎？」

小姐問：「什麼事？」

我說：「我帶了一套很棒的書，想請妳參考。」隨即打開皮箱，把書拿出來。

小姐看了一眼，很客氣地說：「對不起，這個我不需要。」我說了聲謝謝，又離開了。

整個下午，我一連拜訪了好幾間店家，狀況差不多都是這樣。我在街上走來走去，不知如何是好，只好打電話回公司，想問清楚：到底要怎麼做才賣得出去？賣不出去可不可以回公司？小姐一接電話，劈頭就問：「今天業績好嗎？」

我說不好，連一套都沒賣出去。她說那就繼續拜訪幾家客戶，等到五點再回來，接著又說：「加油！」

本來想問她問題，但我連問都還沒問，對方就已經掛斷電話。我只好繼續努力，到了下午五點才回公司。

我一開始抱著滿心的賺錢夢，沒想到前五天推銷的業績卻都掛零，如果再加上應徵和訓練的時間，我已經整整浪費了七天！大哥每天都打電話來問：「今天做得如何？」我心想，如果坦白說掛零，他一定會以為我根本沒有認眞推銷，所以我總是騙他賣了一套或兩套，但心裡又擔心著：「等到領薪水時就會穿幫了。」因爲怕穿幫，到了晚上我又去住宅區試試，企圖做出成績來。

雖然遭遇挫折，不知道該怎麼跨越難關，但我抱定決心——這是我想走的路，不論多難、不論花多少時間，我一定要找到出口，絕對不甘願隨便放棄。

困境幫我淘汰對手

這五天對我的一生非常重要，因爲在這五天當中，每天害怕、掙扎、徘徊、挫敗的經驗，使我體會了業務成長的正常過程。擔任業務主管以後，我從不在乎剛入門的推銷員第一天的業績。

我很清楚，如果剛入門的推銷員第一天有很好的業績，要不是運氣好，就是靠家裡的關係弄來的，絕對不是靠自己拜訪陌生人得來的，這種人鐵定做不長久。習慣性的依靠和過於順遂的過程，反而是未來成長的阻力。

唯有一開始業績很差，整天害怕、惶恐、在掛零的處境中掙扎，才是有助於成長的正常過程。也許，第一天新進人員連一個店家都不敢進去拜訪，只在街頭遊蕩，在心裡掙扎，但那些過程都是成長必經的重要過程。只有經過遊蕩和掙扎，自己心裡努力調適、力求突破，經過足夠的磨練適應，業績才開始出現，這時的業績才是屬於你的成就。像這樣的流程才健康，而經過這段流程的人，也才有生存下去的本事。

在這掛零的五天中，即使挫折不斷，我始終不認輸，我相信困境的背後一定有可以學習的功課，一旦學到，就可以戰勝難關。於是，我一面努力，一面冷靜觀察出版家文化事業的辦公室生態，因此有了很多的體會和收穫，也才領悟到為何許多公司不能永續經營。

我觀察到的第一個現象是——生手永遠無法變成老手。

和我同一梯次上課的六個人，第二天早上只剩下三個；到了第三天晚上，另外兩個也不見了，原本熱鬧的六個人，頓時只剩下我孤單一人。

公司每天都在徵人，但每天也都有人「陣亡」。推銷人員永遠來來去去，永遠都是生手上陣，撐不了一、兩天就「陣亡」，形成惡性循環，多數的生手也永遠無法變成老手。

這並不是說，推銷這一行培養不出好手，而是沒有培養好手的環境。在出版界的直銷體系，有一群業務高手，他們不會長期隸屬於某家公司，只要哪家公司出新書、書好賣，就加入哪家公司。出版家文化事業當時剛出版一套《現代生活百科全書》，吸引了一批高手，而我正好恭逢其盛。

我觀察到的第二個現象是——推銷員沒有傳承和交流。

當時出版家文化事業辦公室牆上都貼有英雄榜，表現最好的前十名推銷員，名字和業績會被公布在大張紅色海報上，一方面是獎勵，另一方面是可以刺激其他人。我每天都會去看海報，發現許多上榜的新手也只是曇花一現，過沒多久就不見了，常出現在榜上的永遠是那幾個老手。

我僅能遠遠地羨慕，不能親近，無法從這些推銷明星身上學到任何技巧，因為這一行是各憑本事，沒有傳承的觀念。

當時公司有很多人，大概四、五十個。到了傍晚，大家紛紛回來。回來以後自然自動分類，三五成群——業績好的一群、業績不好的一群，新人一群、老人一群，好像兩個世界。業績好的人在一起有說有笑，自信又愉快；業績不好的人在一起，搖頭苦笑，說不出什麼名堂，最後總丟下一句話：「我不做了！」這種放棄的心態是會相互感染的，當有人說「我不做了」，就會有人跟著說「我明天不來了」。

整個公司裡，我完全沒有感受到傳承和交流。因爲推銷好手沒有把經驗教給生手，生手碰到問題，也沒有人替他們解決，所以生手才學不到推銷技巧，沒辦法成長。

欣賞明星不如學習明星

在這個階段，我連續五天掛零，當然屬於業績很差的那一群。但是，我沒有退路。若不做推銷員，憑我這種沒有學歷和背景的人，又能做什麼？我不敢說不幹了，也不願意和那群業績同樣掛零的人在一起，他們能教我什麼推銷技巧呢？但那時我也不敢厚著臉皮向那群銷售明星請教，總擔心被人嘲笑。

後來我想，不敢去請教，偷聽總可以吧！這是當時一心一意想做好工作、自然產生的反應。在我工作的第三天傍晚，推銷員中業績最好、被公認爲「王子」和「公主」的兩個人正在講話，我便安安靜靜地坐在旁邊，專心聽他們的對話。

「你今天做得怎樣？」公主問王子。

「今天不好，只賣了兩套。妳呢？」

我一聽到這裡，心裡的反應是：「能有兩套的業績，居然還說不好。對我這種一套業績也沒有的人來說，那可是超高的業績，要是那兩套是我的業績，我肯定會興奮地飛起來！」

「今天也退步了，只賣出七套。」太誇張了，賣了七套還叫退步？我內心的衝擊實在太大，在崇拜、羨慕之餘，也產生無比的好奇。

「你到底是跑哪裡？怎麼每天業績都那麼高？」王子也睜大眼睛地問。

「還不就是辦公大樓！」公主輕鬆地回答。

聽到這裡，我彷彿受到重重一擊，瞬間恍然大悟，原來祕訣就在這裡。

開始跑業務的前三天，我白天跑、晚上也跑，說起來眞的很努力，但就是不得其法。在此之前，我總認爲推銷就是閉著眼睛用膽子去「碰」，「碰」到一個顧客算一個，能不能成交是另一回事，敢進去拜訪就很安慰了。所以，我每天到南京東路去「碰」顧客，一次「碰」一個，這個沒成交，再去「碰」下一個……這種做法基本上只是在詢問顧客，沒有實質的推銷手法，根本不可能累積功效。

到了第四天，一開完早會，我就跑到忠孝東路四段的辦公大樓，先搭電梯上到頂樓，然後一家一家往下跑。這一天我依然掛零，但我已經看到很多希望，因爲辦公室裡並沒有想像中恐怖，相反地大家都很親切，不買也不會讓人太難堪；而且，這一天，我在辦公大樓裡確實拜訪了不少人，也做了許多次完整的產品介紹，我感覺充實多了。

第五天，我又到忠孝東路四段的大樓，拜訪其中一家公司。裡面有六位小姐，態度親切，可是，當我拿出樣書，一位小姐說：「你來晚了一步，我們全都買過了，是跟你們一個姓莊的同事買的。」我抱著懷疑的眼光，小姐看我一副疑惑的神情，索性把書拿出來說：「你看，一個小時前，你們公司有位莊喜和先生來介紹，我們六個全買了。」

從此，我再也不敢懷疑公司牆上公告的業績累計圖表，那都是貨眞價實的數字！同時，心裡更萌生另一個想法：「推銷靠運氣，這間辦公室的小姐人那麼好，如果讓我先碰到，業績就是我的。」原來確實有可能說服一間辦公室裡的每個人都買書；但若現在有個人走在我前面，萬一出現好機會，也是被他先撿走。一想到這裡，我立刻下樓往前跑，無論如何必須跑在那個同事前面。

這一天，我依然掛零，但我碰到很多人，都是幾乎要買了，最後又改變心意，想再考慮或嫌太貴……雖然還是沒有成績，但我心裡知道，業績就在前方，不再遙遠了。

積極總會遇貴人

到了第六天，這是非常非常重要的一天，因爲這一天，我不但賣出第一套書，而且是接連賣出第二套。這時我才體會到，運氣人人有，端看你能不能比別人早掌握，晚人家一步，運氣就是別人的了。

永遠記得向我買第一套書的顧客——南山人壽保險業務員陳阿妹。

那一天，因爲不想跟在同事後面，我轉到南京東路的辦公大樓推銷，即使馬不停蹄地拜訪，一直到下午兩點多，中飯也沒吃，但業績還是沒出現。我沒時間怨天尤人，埋頭繼續努力，後來走進南山人壽的辦公大樓。我直接上六樓，一出電梯，看到門口掛的牌子「直接推銷部」，心想太好了，他們的工作和我一樣，很高興地進門，我第一個拜訪的對象就是陳阿妹。

我還記得，當時我熱情地說：「您好，專程拜訪，跟您介紹一套很棒的書。」

不等陳阿妹回答，就趕快把樣書打開，遞給對方，熱情地推銷，介紹了幾分鐘內容，陳阿妹就笑嘻嘻地指了指辦公室另一角落，說：「剛剛有位姓莊的先生才來過，人還在那裡呢！」我這才抬頭看見了莊喜和。

莊喜和的名字，每天都出現在榮譽榜上，上次一間辦公室同時六個人買，就是他賣出去的。我心裡不免犯嘀咕，怎麼陰魂不散，老是碰到他？但只能笑一笑，繼續熱心地向陳小姐推薦產品。聊了一陣子，陳小姐忽然問起：「聽說莊先生一個月可以賺五、六萬塊，是眞的嗎？」我回答說：「有可能，他的業績在我們公司一直是數一數二。」

陳小姐又問：「那你一個月可以賺多少錢？」

我回答說：「我不知道，我才做六天，到現在連一套都還沒賣出去。」

陳阿妹笑著說：「我看你比較誠懇可愛，我們都會捧你的場。」結果，陳阿妹不但自己掏錢買了一套，還拉了她的同事，幫我推銷了一套。

生平第一次成交，還是連續兩套，我興奮地回公司領書，準備送貨。我騎在摩托車上，沿路笑著，好像自己已經是成功的推銷員了，感覺一切夢想就要成眞。這段成交的經歷，對我一生的影響太大了。

當送完貨，收了錢，走出南山人壽辦公室的時候，我簡直是用跑的，不單只是興奮，而是要趕在莊喜和前面，到下一棟辦公大樓推銷。

當天，我的業績沒有再增加。但是，打破了掛零的窘境，畢竟心情不同。我一來百味雜陳，再者，想像力似乎也豐富了許多，所有推銷的方法，一下子都湧進腦海，而且認爲都會成功。頓時，這一行的前景充滿了光明！

只要有本事，到哪裡都有機會

晚上躺在床上，對照了一下當天情境和前五天失敗的過程，靈光一現，馬上釐清了失敗和成功的原因。

做推銷，第一步要有勇氣。

回想我第一天在南京東路上推銷的情形，只要不敢走進去，就是失敗。而誰讓我失敗？是我自己，我自己拒絕了進門推銷。

當然，光是敢走進去，還是不夠的，必須學會正視顧客、大方談話、熱情推銷，才能深入市場需求。

第一天在南京東路，我也有鼓起勇氣走進店家拜訪的時候，可是太緊張，不夠冷靜，連正眼看對方都不敢，當然講了第一句話就被拒絕，一切就這樣莫名其妙地變成恐怖的回憶，最後只好默默走出去。

經過這麼多年累積的經驗，讓我清楚了解到，拜訪顧客時，如果被第一個人拒絕，就覺得不好意思而失去勇氣再向第二個人推銷，那根本是在浪費時間。

每一張訂單的成交，都是來自一次又一次形象的累積。當第一個人拒絕你，你不但要表現大方，還要以笑容留給對方好印象，然後快速找到第二個人推銷，第二個人再拒絕，就去找第三個人……就算整間辦公室的人統統都拒絕你，你還不能走，得再回頭向第一個拒絕你的人推銷第二次，在過程中，你的表現和態度，可能就造就了他對你的良好觀感和信任，進而創造了成功的機會。

這種機會不是「碰」來的，憑的是你的本事，將來不管你到哪裡，都可以用這個本事創造各種機會。

執行業務工作時，業務員的態度和行爲決定了顧客的反應。許多顧客之所以會拒絕，並不是他想拒絕，一方面是本能保護自己的反應，而非思考後的反應；另一方面是業務員的行爲，使他自然產生不接受的反射動作。

所以，業務員要有一個認知——顧客買不買，關鍵不在於顧客的決定，而在於業務員的決定！

業務員出現在顧客面前的樣子，談話的語氣和表情，走路的精神，和顧客互動的動作，都是一種引導。如果你因爲顧客一開始的拒絕，就失望地走掉，不但喪失了眼前的機會，同時辦公室裡的第二個人也已經看不起你了，當然更沒有希望。

除了所謂的「拜訪深入」，更重要的是，讓你的印象深植顧客心中。顧客一看到你精神抖擻、笑容滿面地出現，他的反應當然會是開心和接受，所以打從一開始出門拜訪，業務員就要把自己的心態、精神調整到極爲開心的狀態，奠定好的拜訪基礎。

推銷員，不能只是拚命跑、拚命講，培養正確的認知才是王道！業務員每次拜訪，都必須是一趟完美的引導——跑的時候要快樂，講的時候要清楚。

每句話都必須讓顧客聽懂，我的做法是，不但要講給顧客聽，還要指給顧客看，這樣一面引導、一面說明，講話才有效果，顧客也才能隨著你的引導進入狀況，而不會把心思轉到：「如何拒絕你？」

推銷就是要深入

每跑過一個地方，就要讓那裡的每個顧客都開心地接受你，還要能夠一次又一次重複推銷。

我曾有過一段難忘的親身體驗：有一次在光復北路的博仁醫院推銷，我從六樓往下拜訪到一樓，一個人也沒買。我就再上六樓，重複拜訪一次，連在樓下排隊等著領藥的人都不放過，還是掛零。我不放棄，搭電梯上六樓再重來一遍。

結果走到五樓時，遇見一位看雜誌的小姐，她說：「現在正看到精彩的部分，請不要打擾我。」我對她說，沒關係，請專心看，等她看完我會給她看更好看的；說完再見，我就快快樂樂地走到下一樓層拜訪，但直到一樓依然掛零。

眼看已經下午四點多，要換其他地方試試也沒時間了，我就再上五樓去找那位看雜誌的小姐，問她說：「雜誌好看嗎？」

那位小姐剛好看完雜誌，答道：「好看啊！」

我就把書拿出來，逗趣地說：「現在換一本更好看的，如果覺得不好看，妳就拿掃把趕我出去。」

她笑著說：「好啊，我們醫院裡可是有很多掃把的。」聽了我的介紹後，她買了第一套書。

旁邊一位住院的小姐看了半天，很客氣地問：「我是來這裡住院的病人，不是護士，我能不能買？」

我立刻回答：「這套書專門優待醫院的護士小姐，但病人可以享受和護士一樣的優待。」結果又多賣了一套。

帶著這位顧客的資料，我再度回到六樓，之前因價錢談不攏的三位護士，也都受到剛剛那兩位購買的護士影響而買了。

然後，一個不久前剛拒絕我的醫生出現，小姐們起鬨要醫生買一套送給太太，醫生熬不過，就跟著買了一套。

緊接著，我從樓上到樓下，拿著那些購買過的資料，告訴每個護士、醫生：現在我們在醫院開放團體訂購優待，今天買最划算。

就這樣，一個跟著一個，到了晚上七點爲止，我在那間醫院創下了一天賣三十四套書的紀錄；往後連續一個星期，我一次又一次在博仁醫院創下高額業績。這是一次難以忘懷的經驗，也是爲什麼我要一再強調「推銷要深入，必須一次又一次重複拜訪」的原因了。

不斷的接觸，不斷的發現，從一個連一套書也賣不出去的推銷員，到了第三個月，蛻變成月擁四萬元以上收入的推銷員，我總算是正式入門，開竅了！

老鳥的前身必是菜鳥

上述都是我在菜鳥時期的成長過程。在那個時期，我缺乏自信心，拜訪顧客時也十分緊張，甚至不敢正眼看顧客，回答顧客問題也經常答非所問。以一個有經驗的人來看，那時的表現實在有夠「菜」！很多好客戶也因爲我的表現而興致缺缺，斷然拒絕我。

我當然不希望這麼緊張，希望自己能夠有自信地面對每一個顧客，做好每一次的推銷拜訪，但當時的我就是做不到，後來我才明白，那都是正常的成長過程。

任何人都無法避開這個時期，因爲那是成長的必經過程。

這道理很像一個有趣的故事：有個小朋友去打小兒痲痺預防針，護士告訴他，打完四次之後就不必再打，可以完全免疫了。小朋友害怕打預防針，但又希望自己能夠免疫，就到處去問，有沒有打第四次預防針的地方呢？護士們總是回答他：「何不到前三次打針的地方打呢？」小朋友因爲沒有打過前三次預防針，當然也找不到打第四次預防針的地方。

大家都希望直接變成老鳥，一點都不緊張，充滿自信，專業知識豐富，能和顧客愉快對談……但是，若沒有經歷過菜鳥時期的掙扎、磨練，永遠都不可能擁有老鳥的水準。

所以，菜鳥們不必太擔心，只要持續努力，有一天就會像老鳥一樣專業又充滿自信；只要不斷接觸、拜訪，舒適空間自然就會變大，專業、自信、風趣自當跟隨而來，這是百分之百的定律！

我在出版家文化事業才做三個半月，公司竟然就斷書了。正開始覺得自己很會賣書，卻沒書可賣。

一次偶然的遭遇，我這老鳥忽然萌生了創業的念頭。

這時候，我的存款已經超過六萬元。

但是，也應驗了大哥陳建章的那句話——不會做生意，賠錢是很快的。

第7章

年輕時失敗，是未來的本錢

當別人說你不行的時候，你怎麼想？如何做？

離開出版家文化事業的時間點，實在讓人難以理解——我才入行三個半月，正是開始順手、最有成就感的時候，公司就斷書了。業務員突然沒書可賣，只好改賣一本六十元的摺紙藝術書，業績當然大跌。斷書的原因，公司的說法很簡單：快過年了，所有印刷廠都在趕印賀年卡和教科書，沒法及時印出公司這樣一套八本的彩色精裝套書。

六萬元的香榭洗髮精

我受到公司斷書事件的刺激，有些失望。一本六十元的書，每天賣幾十本，也只有一、兩千元業績。這樣的數字和收入，沒辦法滿足我內心的貪欲。偏偏那個時候，我偶然到松江路一棟辦公大樓推銷拜訪，經過一家製造地下洗髮精的公司，看到門口貼著徵經銷商的告示，聚集了一大群人。好奇使然，一面推銷一面問。那時的我才出社會幾個月，見識和歷練實在不夠，聽了人家的三言兩語就上當了。

當時，我在出版家文化事業做了三個半月，不但業績表現良好，而且因為勤於工作，熱情感人，在各公司辦公室推銷，還有各行各業不少主管要挖角。所以，談到推銷，我可是信心十足，認為沒什麼問題難得了我，不管什麼產品，我一定賣得出去。

那家地下洗髮精公司告訴我，他們的產品是法國名牌香榭洗髮精，我就信以為真了；還說一瓶成本只要二十五元，卻可以賣一百四十元。我馬上眼睛一亮：「哇！這麼好賺。」一個賺大錢當老闆的機會就在眼前，怎麼可以錯過？回去想了一下，就把三個月來省吃儉用存的六萬元全部掏出來，搖身一變，成了法國名牌香榭洗髮精的經銷商老闆。

假如這家公司的經銷權利金高一點，我付不起，也許就不會上當了。偏偏權利金就正好是六萬元，而我手頭上也剛好有六萬元，不多不少。

我心裡開始萌生一些美麗的遐想：當經銷商，只要把洗髮精推銷到零售店或美容院，給他們批發價一瓶七十元，他們每賣一瓶可以賺七十元，我可以賺四十五元；只要成功開發一百間店面，一家店每天只要賣一瓶，加起來就是一百瓶的業績，我一天就可以賺四千五百元……這種假設性的計算很容易誤導人，於是這個發財夢愈做愈美。

我萬萬沒想到，要把洗髮精批到零售店、美容院，卻是困難重重。那些美容院老闆一看就知道是仿冒品，大家都興趣缺缺。每天不停拜訪，一家又一家，就是沒人要進貨。好不容易找了幾間雜貨店和小美容院鋪了貨，一天一天過去，半瓶也沒賣出去。

我也試著花錢登人事廣告徵業務員，結果不但只有小貓兩三隻來應徵，還有人帶走洗髮精，從此就不見人影。我費了好大的勁，卻完全沒有任何成果。

這是一九七八年年底的事，一直要到多年以後，我才了解經營事業和推銷，是兩門完全不同的學問；應徵來的人，也不是每個人都像我一樣熱愛推銷。

不到兩個月，我就對賣洗髮精感到絕望，錢也賠光了。可是，兩個月後就要過農曆年了，沒有錢怎麼辦，總不能空手回家過年吧？到時口袋空空，沒錢發紅包，可是很沒面子的事！對家裡，我一向把自己吹噓成一個很會賺錢的人；父親沒事還稱讚我是「萬能推銷員」，每次回家，他就會笑著說：「萬能的回來了！」

面對年關將近，我更急著賺錢，想要在過年時風風光光地「衣錦榮歸」。我沒時間懊惱之前的失敗，必須立刻行動，再找一份業務工作，讓口袋裡裝滿足夠的鈔票，風光回家過年！

敢飛的業務就有跑道

既然經營洗髮精失敗，檢討過後還是覺得自己對賣書比較有把握，我便回頭好好分析了解台灣的書籍市場。那時候，台灣有十家雜誌社，包括《傳記文學》、《中外文學》、《野外》、《四季風》、《快樂家庭》……等，採聯合行銷的方式，委託嘉新出版社代理。於是，我決定「嘉新」就是我下一個起飛的跑道。

儘管當時才二十二歲，可是我帶著「出版家」的傲人業績紀錄，狂妄得不得了。

應徵的時候，我聽面試的經理說，「嘉新」的推銷員升遷制度，採用的是「計點制」：業績好的話，先升專員；連續兩個月業績超過七百點，可以升組長；再連續兩個月業績超過八百五十點，可以升課長；再兩個月業績超過九百點，可以升主任。

我便問：「如果我第一個月就做到一千五百點，可不可以直接晉升主任？」

這個經理哪有見過如此囂張狂妄的人，但因為說不定我眞是個推銷高手，那他豈不是就撿到寶了？於是也不願意得罪我，表示要請示老闆。

其實能不能直接升主任，我並不是那麼在乎，只是順應主管的談話，想弄清楚狀況而已。我一心只想賺錢，職位高或低倒無所謂。不過，牛皮已經吹了，人家就看你表演。當天晚上，我把十大雜誌抱回家研究，徹底了解內容，準備打一場硬仗。

第二天早上，我一到辦公室，有個姓王的主任級推銷員，有點挑釁地說：「今天計劃跑那裡啊？」

我答說：「忠孝東路四段。」

他笑著說：「那裡不用去了，已經被我們跑爛了，整條馬路都掃得差不多了。」

我笑了笑：「喔，眞的嗎？」心裡想，他大概也只是一般的小角色，才會講出這麼沒概念的話。

忠孝東路四段，對我來說有特別的意義。以前在那裡推銷《現代生活百科全書》十分順利，現在去推銷「十大雜誌」，產品不同，不會衝突，還可以順便拜訪老顧客。

當時我推銷經驗只有三個半月，但領悟得很快，我認爲業務員應該要有一個概念——任何地方，不管多少人去拜訪過，在自己還沒去過之前，它就是新市場。因爲每個顧客不一樣，喜好自然也不同，也許他不喜歡甲先生，所以不會跟甲先生買；但他可能喜歡乙先生，見到乙先生，態度就會改變。更何況每個人每天的心情和需要都在變，昨天不想要、不需要，不代表今天也一樣。

市場的好壞決定在業務員

我納悶的是，那個主任級的推銷員居然說：「那個地方已經掃得差不多了。」在我看來，不論什麼地方，不論你去過再多次，永遠都有你尚未發掘的新市場。所以，一個專業的推銷員，對同一個地點一定要重複推銷。

我的理論是，一棟辦公大樓裡有那麼多人，你又有十本不同的雜誌做爲產品，難道所有人都已經買齊這十本雜誌了嗎？

同時，在每個地點，每天在場的人也不見得一樣——今天辦公室裡可能有人外出辦事；也可能有人出差，暫時不在辦公室；今天有些人可能身上沒錢，想買而沒買，第二天他帶錢了，就可能會買；前一天也可能有人還沒感覺到這本雜誌的需要，晚上回家受老婆、小孩的影響，改變心意要買了……推銷時遭遇的狀況千變萬化，只要你用心，永遠都有成交的可能性。

當天我一開完會，就直接前往忠孝東路四段。沒多久，第一個顧客跟我訂了《中外文學》，緊接著一路順暢，許多以前的老顧客看到我帶了新產品，都開心地接受我的推銷。

傍晚我回到公司，碰到早上那位主任，一見到我，他就急著開口問：「今天做得怎麼樣？」

我回答說：「今天還可以，那你呢？」

「今天還不錯，做了兩千多元。」他回答的時候，喜悅之情溢於言表（這個數字在當時已經很可觀了，那時候，訂閱雜誌一年才三百五十元）。

「你到底做了多少？」他非要我說出數字。

我一派輕鬆地笑著說：「四千多元。」這是當天最高的業績。

他簡直不敢相信：「眞的假的？你到底在哪裡賣的？」

「我早上不是跟你說過了嗎？忠孝東路四段啊！」

「那個地方還能賣啊？」他更加困惑了。

我不但那一天在忠孝東路四段推銷雜誌，後來整整一個月，我都在那一帶活動，徹底拜訪，一棟接一棟，一次又一次的重複。

我在嘉新，連續幾天業績都是第一名。第一個月，老闆直接任用我爲專員；過兩個月升組長，老闆還單獨請我吃飯，邀請我入股。以後除了推銷，我每天要花更多時間教導其他推銷員怎麼推銷，帶動公司氣氛。

男人的志氣像南台灣的太陽

我在嘉新做了五個月業務員，職務從專員、組長、課長，一路順利升上主任，而且還被派到高雄打天下，成立分公司。

我在高雄的時間不過短短一年，但這一年對我非常重要，不但讓我學會如何成立一家公司，還讓我學到了領導統御的竅門。

嘉新的總經理陳起民眞的很敢用人，只是不斷提醒我，每天記得在頭髮上抹上厚厚的一層髮油。他希望我看起來老成一點，當時我只有二十三歲。

那時候，嘉新在高雄並沒有辦事處，我帶著公司給的十五萬元南下，從租房子、買家具、布置辦公室……開始作業。等到公司一切定案，總經理南下高雄，約了幾家做出版社直銷業務的同行老闆吃飯。席間他爲我介紹每個老闆，請他們多照顧我這個後生晚輩。我感覺大家都用一種好奇的眼光打量著我，好像在心裡問：「有沒有搞錯？居然找一個小朋友來！」等到大家酒足飯飽，送走客人後，總經理告訴我：「這些人的業務都做得不怎麼樣，你是要來這裡當高雄王的！」當時聽了，心裡有股莫名的力量衝擊著，內心起了一個意念：「對！我就是要來當高雄王的。」

第二天一大早，我七點就進了辦公室，積極規劃每一個步驟，執行每一件我想做的事。很快地，我就開始徵人、做簡報、開早會、訓練業務員。那是我第一次做主管，一切經驗都很新鮮。家具送來的時候，我坐上乳白色的主管椅，在大椅子上搖啊搖，心裡洋洋得意：「坐在這張椅子上的人，就是我嗎？」我很滿足地自問自答。

在高雄，我最感激的人是會計洪淑慧，職務上她只是會計，實際上她卻是督促我學習、進步的重要人物。

第一次當主管，除了業務之外，還有很多目標等待我實現。我自訂了一份每天的作息表，壓在桌子的玻璃板下，隨時提醒自己——早上七點進辦公室，八點半開早會，九點半應徵新人或對新人做簡報，下午四點以前看報、讀書，四點到五點研究業務員的狀態，五點以後和業務員檢討工作問題。

「當高雄王」這個目標訂得很清楚，作息時間的計畫也很嚴格，現在回想起來，怎麼可能做到？根本難如登天！從小到大，我不知為自己擬定了多少計畫，從來也沒實現過。但洪淑慧會主動盯我，讓我不敢鬆懈。她非常能幹，除了會計工作，還包辦了公司大大小小雜務，剩下的時間就用來參加推銷員的早會、簡報、晚會……非常投入工作。

每次我主持早會或做簡報，不論講得好或不好，事後她都會遞條子給我，表達她的感受和意見，提供我檢討改進；每到了該閱讀或看報的時間，如果我去做別的事或發呆，她也會遞張條子，上面寫著：「主任，按照作息表，現在該是你看書的時間……」

其實，剛入社會，在出版家文化事業當菜鳥推銷員的時候，大哥陳建章就逼著我看《經濟日報》。但《經濟日報》太專業，以我當時的程度，根本看不懂。大哥逼著我看，我也只好誠實告訴他：「我看不懂。」

大哥說：「你只要看副刊就可以了。」

《經濟日報》的副刊，有很多成功企業家的創業故事，也有很多有關推銷和企業經營、管理的文章。因爲這些故事和文章，奠定了我很好的業務觀念。

在高雄，我更是現學現賣，剛讀完一篇好文章，就立刻運用在早會、簡報與業務員的談話中……等。每天現看現用，許多好的觀念在談過、用過之後，更是深深印在我的腦海裡。當時我不但勤於看報，還覺得內容太少，自己跑去書店買了一堆行銷、企管和名人傳記的書回來閱讀。

高雄這一年，眞的非常充實。此外，在這一年內，我的業務領導能力快速成長。最大的關鍵就是，個人風格的建立。做主管和做推銷員是不一樣的，講話、態度都有區別。不論我做得好不好，洪淑慧的批評都很中肯，連語氣、用詞不對，她都會提醒。我之所以進步神速，所有的一切都是她逼出來的。

同時她讓我深刻體會到，一家公司的業務員固然重要，其實，內部人員更重要。這些人是主管的左右手，雖然沒有實際創造業績，但是，業績卻因爲他們在內部的協助運作，才能大量發酵。我從她身上，看到經營一家公司時，應如何安排組織結構的輕重比例。到現在我還常想起，她每天一大早，一面吹口哨、一面擦桌子，那副積極快樂的工作模樣。

領導就必須感同身受

當然，因為親身感受，我也從嘉新的管理風格上，看到了企業必須改革的部分。

嘉新的老闆陳起民先生，對辦公費控制得很緊，印名片總用最差的紙、最簡單的印法，上面只有公司、名字和電話。

我卻認為，名片一定要設計得很有格調，業務員才有尊嚴，顧客也才會有印象。如果名片簡陋，不但顧客根本不會看重你，推銷時，遞出名片的那一瞬間，也就不能散發足夠的自信。為了印最好的名片，我還和台北總公司吵了一架。

除此之外，嘉新總經理還限制各單位，每個月電話費不能超過七百元。對這一點，我尤其難以忍受。業務員必須不斷打電話與顧客連絡，做售後服務，這對業務推廣的進行非常重要，不應該受到任何限制。

台北總公司撥給業務單位辦活動的經費，也少得可憐。為了鼓舞士氣，我經常自己掏腰包，辦比賽、送獎品。我很清楚，要是每次比賽，都只拿公司拮据的經費去買獎品，這種獎品，連我自己都不想要。

因此，我得拿自己的薪水來買獎品。每個月大概有超過兩成用在這上面。也因爲這樣，高雄的業務員對公司的向心力特別強。台北總公司偶爾有人南下高雄，一掏出名片，就輸了一截；再談及彼此的工作狀況，高雄的業務員就會發現自己眞是幸福。

這樣的經營觀念產生了良好的效應，在高雄，沒有一個業務員不全力以赴的。我們曾經創下銷售單套三百八十多元的產品，一個月業績超過七十五萬元的紀錄。以當時物價來說，十分驚人。本來有不少人，包括台北的同事和高雄的同業，都不太看好我這個只有二十三歲的小伙子南下，還有人認爲我死定了。沒想到才一年，我不但吸收了許多經驗；在業務這一行，也建立了更多自信；而公司必須全力支援業務員，給員工最好的福利和獎勵的觀念，也在我心中萌芽。

創業的導火線

在嘉新擔任高雄分公司主任時，有一天總經理召集全省業務主管開會，提到公司要聘請一位副總經理，對方是董事長翁一銘和他自己就讀醒吾商專時很要好的同學，希望大家以後多跟他配合……

我聽完了，說：「一個沒有在公司打過仗、沒有任何功勞的人，只因爲是老闆的同學，就可以進來公司當副總經理。那我雖然不是總經理，但在高雄分公司，我也是唯一的老大，剛好我有幾個很要好的同學，我想明天開始聘請他們當高雄分公司的副主任、課長……」

總經理很緊張，說：「這個副總只掛名，不會管各位。主要是因爲他負責生產方面的業務，需要跟工廠接觸，掛個『副總』的頭銜，工廠會比較尊重，他也比較好辦事！」總經理希望我配合一下。

我說：「那我繼續努力，前途又是什麼？」

總經理安撫說：「陳主任，你的格局是總經理，絕非做人副手！」

投入工作就是要追求未來，對這一點，我一向光明正大地爭取，一切憑本事。因此，這個事件同時也埋下我未來自行創業的導火線。

讀國四班時，我有兩個最要好的朋友周瑠榮和劉嘉訓，後來一個考上台北商專，另一個就讀台北工專。我們三人的興趣一樣，言談投機，由於就讀的學校不同，平常少有機會相處，但到了寒、暑假，一定找機會相聚一段時間，或露營、或旅行。記得當時，我們只要聚在一起，每分鐘都非常快活，晚上完全捨不得睡覺。每年相聚的時光，可以說是三個人最重要的時刻，我們錢一起花，玩樂也在一起，感情好到無法形容。

由於我就讀於普通高中，又沒上大學，所以較早入伍，也較早出社會。在我擔任嘉新業務主任時，他們兩個自五專畢業、服役也快退伍了。那時我在業務上有了些心得和自信，又小有一筆存款，所以等到他們退伍，在我的提議之下，三個人就決定一起做生意，共同創業。

創業不是辦家家酒

我於是離開嘉新，和兩位朋友各出資五十萬元，成立「河山出版社」，出版和銷售兒童圖書。由於兩位朋友的家境都非常好，出資沒問題，但對於業務的開發，尤其是出門推銷的生意模式——必須一套一套賣書，要主動拜訪，又要碰釘子，對每賣出一套只有賺幾百元卻很不認同。他們總覺得，做生意應該是老闆對老闆，大家坐下來，一面把酒言歡，一面大筆成交！交際應酬、喝酒打牌才是王道，無法接受我引進的辛苦生意模式，導致我們在公司時有爭執。

在理念不同、做事態度不同的情況下，公司業務難以推動。不到一年，錢就虧光了。結果不僅破壞了友情，公司也不得不解散。

還記得創業那一年，我幾乎沒有任何收入；公司解散後，不但身無分文，還得支付每個月三千元的會錢，這是我人生中第二次破產。更遺憾的是，最好的朋友從此分道揚鑣，不再來往。

年輕的時光總是快樂的，年輕的夢想也是美好的，在一起玩，在一起鬧，甚至拿自己的錢給對方花用，也都是愉快的，從來就不計較。

但是，共同創業，那要面對多少挑戰，多少難關？業務的開發，要面對多少挫折？人員的訓練，要經歷多少失望？必要的付出和合作難以計數，這和朋友之間的打鬧、玩樂、享受，沒有實質厲害關係的情感、義氣，完全是兩碼子事。

所以，創業不是辦家家酒，你找的合作人選必須是創業夥伴，不是兒時玩伴。朋友一起共事很難，共錢更難；既要共事，又要共錢，那更是難上加難。

創業必須慎選股東，在從未共事過，理念也尚未一致時，千萬不能感情用事，否則留下來的遺憾及傷害，可能永遠也無法彌補。

愈害怕，就愈要面對

一九八二年，結束河山出版社的業務。爲了出清存貨並籌集足夠資金，以便東山再起，我白天去推銷存貨，晚上去通化街擺地攤。這段期間，有兩件事值得一提。

當時天龍圖書老闆沈榮裕是三折書批發大王，全省通路密布，現金實力雄厚，是出版界的大金主。所有在街上開貨車販售三折書的業者，幾乎都跟他進貨。我心想，如果一次把書全都賣給他，就可以籌得足夠資金，專心準備東山再起。

每天我做完推銷工作之後，就跑去他位於士林的公司找他。雖然他一再表示沒興趣，我依然每天拜訪，在店裡幫他太太搬書。有一次，我在協助店面整理時，從聊天得知，他們在信義路的國際學舍有個書展，晚上他和太太都親自去顧攤位。我就跟他說：「你何不先進兩套去賣賣看，反正賣不出去，你就還給我。」他也乾脆地答應了。

當晚，我立刻通知朋友，要他帶著女朋友，到天龍出版社的攤位，把這兩套書全買下來。朋友不但買了，還丟下一句：「怎麼賣這麼便宜？我同事買一套都要八百八十元的（我當時批給他一套三百元，零售價一套賣四百八十元）。」第二天，沈太太打電話來，說沈先生有事找我談。結果他不但買下了我所有存貨，連版權也一併買了。

出清存貨之後，我開始把更多心力放在擺攤籌募資金的工作上。

當時我在通化街擺地攤，賣的是玩具。第一天，我騎摩托車載著貨，晚上七點鐘抵達。車子一停，我忽然意識到自己的腳在發抖，解開綁貨的橡皮帶時，心臟跳得厲害，手也不斷顫抖。原以爲擺地攤很容易的我，竟是如此緊張、害怕。

我告訴自己不要怕，放鬆心情，先去觀察地形，選擇一處適合的地點。繞遍了整條通化街，竟找不到一個適合的地點，來回走了好幾趟，總算看到一個賣小電扇的年輕人，他的攤位旁邊還有空位。

我就問他：「能不能借一小塊地方，讓我擺玩具？」

他答：「可以是可以，但要花錢租。」討價還價後，我付他一個晚上兩百五十元。

時間一分一分過去，我和他都沒有業績，我就跟他說：「我們要不要喊一喊，把人潮喊過來呢？」

他說：「要喊，你自己喊，我不要。」

看他沒興趣，我忍了忍，實在忍不下去了，就站起來，開始用台語喊：「玩具！玩具！每個三十元，保證好玩，年頭玩到年尾，玩不壞。」

這樣連續地喊，終於有人過來看了，也賣出幾個玩具，我也稍微安心，不再那麼害怕了。

到了八點多，我看整條通化街的街道中央，陸續出現各種地攤。眼看著人潮愈來愈多，像海浪一波又一波湧進夜市，但多數是向街道中央的攤販購買，我又忍不住問旁邊賣電扇的年輕人：「他們擺在路中間，要不要付錢？」

他說：「他們不必付錢，但警察會抓，抓到了不但沒收產品，還會罰款，說不定還要去看所守關幾天。」

他講得很誇張，但我看大家生意搶搶滾，愈賣愈開心，實在忍不住，就把貨也搬到街道中央，開始跟著叫賣，生意愈來愈好。沒多久，聽到有人大喊「警察來了」，衆人立刻做鳥獸散。我也搬起貨拚命跑，跑了一陣子，心臟都快停了；回頭一看，怎麼只有我一個人在跑？警察早就走了，各個攤位也繼續回到原地叫賣，我又趕快把貨搬回去，找了位子繼續叫賣。

這樣過了幾天，我愈來愈有心得。即使警察來了，我也不怕，只是將東西收好，坐到旁邊，等警察走了，再繼續擺貨叫賣。一個晚上下來，總有四千元以上的收入，很快就籌足了我所要的資金。

這些經驗讓我更加體認到，對於擺在眼前的困難，對於從未接觸過的挑戰，害怕是常態；但愈害怕，就愈要面對。只要能不斷地面對，經驗和方法都會跟隨而來，而我們也將累積更多的實力和智慧。

創業必須慎選夥伴

結束河山出版社的經營，也籌足再出發的資本之後，我又以三萬元登記成立了金革企業社。這次我找的合夥人，是我曾經在嘉新出版社共事過的同事潘同助。

潘先生出生在淡水的老梅，沒有任何都市孩子的不良習性，務實、勤快，我們彼此在工作上的溝通非常容易，因爲大家都有基本的業務概念，又都是挨家挨戶、從事一本兩百五十元的兒童書銷售出身，許多事情見解相同，這樣的合作就非常愉快！

我們租辦公室，一定以省錢實用爲第一優先。買辦公家具，兩個人也很有默契地到重慶南路橋下的二手家具店選購，搬家具也是自己動手搬。當時爲了省錢，我們經常搬家。一到暑假旺季，我們會去找大一點的辦公室；過了旺季，就換到小辦公室，所以一年總要搬幾次家。

還記得有一次過完旺季，我們分租到的辦公室位於忠孝西路的公寓五樓。由於沒有電梯，我和潘先生搬那些貨和桌椅、鐵櫃……一層一層地爬上五樓。搬到最後，剩下一張大桌子，兩人對望一眼，同時宣布實在沒力了，記得我還提出：「現場有任何一個路人願意幫我們搬，我願意出價五百元！」

還有一次，公司的會計陳淑伶告訴我們：「銀行沒錢了，過一個星期有一張七萬元的支票到期。」我們兩人一聽，很有默契地同時想到出去賣存貨，換現金軋支票。第二天，就把車子裝滿存貨，開車到桃園去跑學校。

一開始在學校賣得不是很順利，我提出：「今天賣不到四萬元就不回家，到長庚醫院去殺通宵！」

潘先生立刻同意，把車子開到航空警察局，說這個地方沒人知道，是個大好市場。我們兩個連續幾天在桃園航空站，不斷創造出驚人的業績，顧客涵蓋警察局、貨運站、圓山飯店、每一家航空公司的工作人員。一個星期後，不僅我們的支票問題過了關，每個人還多分了五萬元。

好的合夥人，還能善盡互補之責。以我來說，自身有許多缺點，例如賺了錢，就變得不夠節省，又容易偷懶。每次遇到淡、旺季，公司必須換辦公室，搬家時，我覺得有些辦公家具用不到，嫌麻煩就丟了。過了一陣子，我又想到其他用途，要再去買的時候，潘先生會很溫和地說，上次看我要丟掉的東西都還好好的，就收了起來，現在可以拿出來用了！類似這樣的事情，一次又一次，難以計數，幫公司節省了很多錢！

這次的合作經驗，讓我領悟到，創業必須慎選夥伴，公司一切的運作才會變得愉快而順利！

第8章

不可能的婚禮

你想要的，是你真心渴望的嗎？
你打算付出多少來達成呢？

我做事時，會先設定清楚的目標，再全力以赴。我一向認爲，什麼事都要訂立明確的目標，配合強烈欲望，做最壞的打算，排除萬難去達成。這樣行事才有準則，努力也才有方向。

記得在嘉新當業務主任時，有一次總經理帶著全體主管到日月潭開會，總經理說：

「今年暑假的單位業績，只要有人一個月做到一百萬元，公司將頒發一面純金打造的獎牌。」總經理話一說完，就有幾個主管悄聲說，老闆又在說笑話了。

我在一旁卻默默計算著，怎麼做才可以達到目標：首先，要達到一百萬元的目標，每天就得做出四萬元業績。我假想，如果應徵到的業務員能力都很差，該怎麼辦？倘若以最壞的情況估算，平均一個人一天頂多只有五百元業績，那麼相當於八十個業務員才能達到目標。除此之外，我還得把人員流動率估算進去。那要多少人來做呢？

設最高的目標，做最壞的打算

經過全盤的考量，我決定要徵到兩百個業務員。可是，難題又來了——辦公室只有三十幾坪，哪容納得下那麼多人呢？於是，我腦筋一轉，改採三班制，即八點、九點、十點各一班，不斷應徵，不斷訓練，完全不休息。我相信這麼一來，一定會達到目標。果真如我預期的，那年暑假，我領到了金牌。

在草創金革初期，有一年暑假，以前嘉新的老闆陳起民來找我，問道：「今年暑假的目標是多少？」

我回答：「六百萬。」

他說：「實際一點，三百萬是有可能，六百萬太誇張了。」但那年暑假我做了六百二十萬。

第二年，他又問我：「這一次目標是多少？」

我回答：「一千兩百萬。」

他說：「你瘋了啊！你的實力是很強，我相信你做到八百萬沒問題，但一千兩百萬實在太誇張了，不可能！」那年暑假我做了一千四百萬。

一年又一年，我的營業目標一直提高，我也一次又一次達到我設定的目標。後來，老闆下了一個結論：「陳建育是瘋子，不管他說什麼目標都可以達成。」

我怎麼做到的呢？我能算計未來嗎？其實每次訂目標，我總是喊一個自覺很高、很難達成的數字；喊完了，再做最壞的打算：假設在最惡劣的環境下，我要怎麼達成？而最重要的是，我達成目標的欲望非常強烈，無論如何一定要達成。

到底我是怎麼做的呢？我想，不管舉什麼例子，都不如我結婚的過程那麼傳奇。

一九八五年十一月，「陳建育」三個字，在出版業的直銷人員圈子已經有點名氣了，生意也做得很順手。除了和合夥人潘同助共同經營金革之外，由於代銷《童年雜誌》，便也身兼童年雜誌社的顧問工作，主要工作是訓練業務人員。當時，我每個星期一固定去一趟，幫業務人員做教育訓練，和經理人開會，提供產品開發、業務方向和人員招募的建議。

金革在博愛路租了一間大辦公室，然而像我們這種做推銷的生意，人都出門跑業務了，除了早上和晚上，辦公室幾乎都空在那裡，看起來滿浪費的，但又不能沒有辦公室。童年雜誌社的情形也一樣，辦公室內除了編輯部幾個人，業務部門每天也形同空城。於是，我就對童年雜誌社的老闆徐明說，反正共同合作發展業務，不如搬過來一起上班，還可以省下一筆房租。

徐明算了算，也同意我的建議，答應搬家。萬萬沒料到的是，正因為如此，徐明等於做了一個大媒。

認真的女人最美麗

當時童年雜誌社的美術編輯廖小姐，總是以親切的笑臉迎人。我第一次在雜誌社不經意見到她時，就留下良好印象，但當時只當她是一位漂亮、親切的小姐，打打屁、逗一逗，就心滿意足了，沒有其他念頭。

直到搬家那一天，我才對廖小姐「驚為天人」。

一個漂漂亮亮、嬌嬌弱弱的小姐，穿著牛仔褲、捲起袖子做事，搬書、搬桌椅、拖地、抹桌椅，眞是積極、勤快，氣魄不輸男人。

在此之前，我也交過幾個女朋友。但我有個毛病，就是不能花太多時間陪女友，也不能和工作有衝突，更不能接受女孩子太大牌，導致我到了三十歲，還沒有一個固定的女朋友。

當時我全神貫注投入事業中，每天從早忙到晚，一旦交了女朋友，怎麼可能不互相影響？結果，女友總會受不了我這種忙到沒時間約會的人，而選擇分手。至於我自己這一方，也因爲工作太忙，對於和異性交往，缺乏足夠的體貼和耐心。那時，我曾和一個女孩交往了幾個月，有一次她邀我一起參加舞會，她只不過要求我接送，我就受不了了，覺得好麻煩，兩個人上班的地點南轅北轍，她應該自己去，到了附近再碰面。要我去接，我就是心不甘、情不願，認定這是浪費時間，結果兩個人隔天就分手了。

但是，廖小姐給我的感覺不一樣，這個女孩做事積極又樂觀，待人親切又開朗。我覺得，眼前的她，就是我心中理想的對象。

由於在同一間辦公室，我常找話逗她，她每次笑容總是燦爛到不行，這也讓逗她的人非常有成就感；一天又一天，對她的好感逐漸加深。只要有美術設計上的事，我統統都拜託她，請她畫海報、做稿子……還經常一改再改，她不但不生氣，每次都開開心心地接受要求，立刻修改。有一天晚上，我看著正在畫海報的她，人都痴了。如果當時有人注意到我，想必就可以目睹我呆呆看著她的傻樣。

就算公司垮了，也要追到老婆！

就在那一剎那，我對自己說：「我若不娶這樣的女人當老婆，還想要什麼樣的女人？」我立刻下定決心，也訂了明確的目標。

第二天，我就分別對我的合夥人潘同助和廖小姐的老闆徐明「打預防針」：「今年我要追老婆，假如因爲這樣導致公司不賺錢，明年我會加倍賺回來。」那個時候，我已做好最壞的打算，就算公司垮了，也要追到老婆。

潘同助和徐明聽了，表情好像看到太陽打西邊出來——陳建育怎麼變了？什麼事改變了他？尤其是徐明，了解前因後果之後，他完全不認同，譏笑說：「你們兩個根本就不適合，個性差異太大，單就身高比例就不對！」

大家都很好奇，也都認爲不可能，但「我要追老婆」的這個目標，對我來說是極度清楚明確的。

就在同時，徐明卻告訴我一個極不幸的消息——廖小姐要辭職了，離職原因是即將結婚，婚後隨即前往美國；不僅結婚的日子和酒席都已訂好，連喜帖也印好送出去了。

徐明要我早早打消念頭。

此時離廖小姐的婚期，只剩下二十一天。這個突如其來的消息，打得我頭都昏了！

那一天是星期六，我記得很清楚，腦袋裡只出現兩個字——完蛋。

回到家，還在猶豫，到底要不要追？還有可能嗎？酒席已經訂了，喜帖也寄了！天底下，有可能在這種不可能的情況下，成功追到老婆嗎？想到這裡，腦子卻浮現一句話：「反正她還沒結婚，爲什麼不追？這麼好的女人，怎麼可以變成別人的老婆？我都還沒開始追，又怎麼知道追不上？」

我拿起電話，直撥廖小姐府上，對她說：「妳好，我是陳建育，請問妳有沒有上過室內設計的課？」我當然知道她學過，這只是一個理由。我接著說：「我剛在中和租了一幢房子，就是不曉得怎麼擺設，妳幫我看看，設計一下，好不好？」

廖小姐的答覆頓時讓我傻眼，她說，她是上過課，對室內設計有點概念，也很願意幫我設計房子，但是現在不方便，因爲男方家長正好到家裡來提親。

「哇！」這還得了！我念頭一轉，說：「提親是大人的事，跟妳一點關係也沒有，讓大人去談就可以，妳還是來幫我看看房子！」

她一時之間不知道要怎麼拒絕我，我就直接跟她約一個小時後，在她們家附近的加油站見面。見了面，我開車載她到我的住處，草草看了房子，隨便跟她聊幾句，就帶她到敦化南路一家氣氛很好的西餐廳共進晚餐。那時我心裡著實焦急，一邊吃，一邊打探男方的情況。

了解情況後，我隨便吃了一點，菜都還沒上完，我就問：「吃完了沒有？」

她吃了一驚：「怎麼這麼趕？」

我說：「有重要的事情想跟妳談，所以要吃快一點。」

「有什麼重要的事情？」

「妳猜，我今天找妳出來，目的是什麼？」

「不是布置房子嗎？」

「那妳布置了沒有？」

「沒有。」

「所以那不是重點，我現在要談的才是。」

我慎重其事地說：「我現在正式宣布：我要把妳變成我的老婆。」

她更吃驚了，直說：「不可能啦！」

「怎麼不可能？我一定會做到。」

「真的不可能，我們喜帖都已經印了，酒席也訂了。」

「喜帖印了，酒席訂了，但是，你們完成結婚手續了沒？」

「還沒有。」

「對！你們還沒有結婚。如果一直沒有更好的對象出現，妳現在做這個選擇當然很正常。但如果出現一個人，妳在相處、比較過後，確定是更好的對象，那妳爲什麼不換？」

用推銷精神營造戀愛感覺

接著，我連續發表了「論孝順」和「論孤獨」兩大長篇的演說。

大意是說，廖小姐是個孝順的人，但是父母的身體不怎麼好，如果嫁到美國去，可以隨時回台灣探望父母嗎？父母身體不適的時候，敢跟她說實話，讓她擔心嗎？

其次，廖小姐嫁到美國，就失去了自由的環境，沒有工作，沒有熟悉的朋友。雖然男方是望族出身，家境富裕，但那都是他父母的財富；看到想買的東西，用的不是自己賺來的錢，買得下去嗎？到了美國人生地不熟，會很孤獨；美國看起來很大，其實沒什麼生活的空間，因爲不是自己的土地。

我講得頭頭是道，但是，廖小姐還是斷然回應：「不可能！」

那天夜裡，我帶著廖小姐到外雙溪，那兒萬籟俱寂，周遭只有流水的聲音，我對她說：「這是台灣的水聲，妳要仔細聽！」就從聽水聲開始，我每天開著我的祥瑞小汽車帶她到處遊玩。反正事先報備過了，我的合夥人、廖小姐的老闆，都拿我沒辦法。

那時候，我的任務就是讓她開心，就像我做推銷一樣，讓顧客高興。她喜歡唱歌，我就拚命讚美她的歌聲好聽，要她再唱一首，再唱一首……天天爲她營造戀愛的感覺。

連續幾天的全心投入，終於到了攤牌的時候。有一天晚上，我帶她到陽明山的公園，跪下來求婚，堅持她不答應就不起來。她說跟我在一起很快樂，但她眞的要結婚了，如果這個時候反悔，她的父親會很沒面子。她父親是軍人又是湖南人，脾氣很大，一定會大發雷霆，萬一發生這樣的事，她連家裡都待不下去。我告訴她，那都是小問題，沒有一個父親，會爲了面子而阻止女兒擁有幸福的。

接著，我帶她到公司，要她打電話到美國，叫她的未婚夫不要回來了，她不敢，我說：「怎麼可以不敢，這是終身幸福；不敢，就等於是放棄一輩子的幸福！」

她當晚打了越洋電話，但卻弄巧成拙，她的未婚夫第二天就從美國飛回台灣；更嚴重的是，她的母親（也就是我後來的岳母），一大早就跑到辦公室，指著我說：「你年紀這麼大了，怎麼這麼不懂事？人家都要結婚了，你怎麼可以做出這種事來？」

我回答說：「伯母，我絕不是不懂事，我的頭腦非常清楚。我已經三十歲了，知道自己在做什麼，這件事對我很重要，對她也很重要。」

這時候，公司的同事在外面起鬨，要廖小姐準備身分證和印章，先從後門溜出去，等一下就到法院公證算了。廖小姐想溜卻又不敢溜，反而走進了我的辦公室，直截了當告訴她母親：「我不要結婚，我比較喜歡和他在一起。」這個「他」，當然是指我。

雖然被丈母娘削了一頓，廖小姐也被母親帶回家，但是我因此更加篤定，因爲她終於表明了態度。當晚我高興地打電話回家，告訴母親我可能要結婚，要家裡有心理準備，我母親嚇了一跳，她過去從沒聽說我有女朋友！

挑戰危機才有轉機

這一天過後，廖家就不讓女兒繼續到公司上班。我也很緊張，擔心廖家一家人和未婚夫天天在她耳邊遊說，她會動搖。於是，我想了一個計策，要她的老闆徐明打電話給廖媽媽，說廖小姐不上班，很多工作做了一半，沒有完成，會造成公司的雜誌無法按照進度出版，對客戶不能交代，而這件事情發生得太突然，臨時也找不到代替的人。

廖媽媽是個通情達理的人，她告訴徐明：「我女兒是不可能回去上班了，但這一段時間，公司可以把稿子送到家裡，讓她在家裡完成設計和編排。」

從此，藉著徐明天天送稿掩護，我每天用稿紙寫一封情書給她，讓她繼續享受戀愛的感覺，不會動搖心志！

後來我才知道我的擔心是多餘的，其實她不曾動搖，她顧慮的是家裡年邁的父母。結婚前兩天，她在未婚夫的同意下，特地寫了一封信，親自拿來給我。信中說，她心裡想嫁的人是我，但礙於現實，她必須與對方結婚。父親年紀大，身體不好，又愛面子，喜帖都發出去了，如果臨時取消婚禮，怕父親覺得很沒面子，會受不了。她這次結婚就當是盡孝道，去了美國，很快就會回來，如果到時我還願意接受她的話，她會來找我。

接到這封信的時候，距離婚期只剩下兩天，我整個人嚇出一身冷汗，這下子什麼話都沒得講了，我總不能阻止她盡孝道啊！

雖然已到了絕望的地步，我還是沒死心。當天晚上十一點，我帶著廖小姐給我的信，直奔廖家，企圖做最後一搏。只是，這次我要找的不是廖小姐，而是廖伯父。

廖小姐的父親是位職業軍人，聽說脾氣很大；我心中難免膽怯，鼓起極大的勇氣，才敢按電鈴上樓。我心想，反正最壞也不過如此了，如果能挽回，就算頭破血流，又有什麼關係？

上了樓，廖伯父就站在門口等我，他說廖小姐的未婚夫還在屋裡，說話不方便，請我到頂樓的陽台去。上了頂樓陽台，廖伯父什麼話也沒說，只是靜靜地看著我，我直接表達來意：「廖小姐要結婚了，我希望伯父了解，她嫁給誰並不重要，重要的是她嫁了以後是幸福，還是不幸福？我已經三十歲了，我知道自己在做什麼，我更清楚我會帶給她幸福，希望伯父三思。」

說完，我把廖小姐寫給我的信交給他，說了聲再見就走了。這時候，我心裡已經不抱什麼希望，回到家裡，過了灰心喪志的一晚。

「危機也是轉機」這句話，用在當時的我身上，實在再適當不過了。第二天，我接到廖伯父同意我們繼續交往的電話。對我來說，這通電話等於是天大的喜訊：廖小姐不結婚了！但是，廖伯父邀請我到他家裡吃飯，說要跟我談一談。

這頓飯，我是吃得膽顫心驚，廖伯父同意我和他女兒交往，不過，很嚴肅地提出三個條件：第一、同意交往，並不代表同意結婚，所以每天晚上九點以前，就得送廖小姐回到家；第二、不准吵架；第三、兩人要「保持距離，以策安全」。只要違反其中任何一個條件，就不能繼續交往。

五月初，我和廖小姐準備結婚，婚期也訂好了，準岳母卻說了一句：「沒有房子，結什麼婚？」聽了這句話，我毫不考慮咬著牙買房子。新居的地點在士林，因爲急著在結婚前買，時間很趕，沒有仔細選擇，沒想到竟買到一幢「海沙屋」！

當時的我本來不打算花錢買房子，我的觀念是，錢是要拿來做事業的，如果買了房子，沒有資金備用，會錯失很多投資的機會。到現在，我還是反對初入社會的年輕人賺了一點錢，就分期付款買房子，因爲貸款買房子，人會被房貸的利息牽制，生活也會變得安逸，不敢挑戰和冒險。一個人要是欠缺挑戰的決心和冒險的勇氣，必將有志難伸。

爲了和廖小姐結婚，我可是不顧一切，什麼例都可以破，至於岳父當初提的這三個條件，我有沒有做到？這並不重要。總之，她變成了我的太太。

我們在一九八六年五月十一日結婚。

你一定可以

我經常拿我追老婆的故事來鼓勵員工，我想告訴大家的是，天下沒有做不到的事，只看你有沒有全心全意去做。按一般人的標準，我沒有一個地方配得上廖小姐：她身高跟我一樣，一穿上高跟鞋，都快比我高半個頭了；說到學歷、氣質，更不是我能匹配的。當初我說要追她，周圍的人都認爲不可能！但是，二十幾年來，她和我共同建立了美好的家庭。

這些年來，只要金革的同事在工作上，面有難色，我就會說：「沒問題的，你一定可以。」「你一定可以」這句話，就成了金革的名言。

第三部

業務做對，蹺腳拿錢

做業務、經營公司看似忙碌辛苦，
但對於一個熱情投入的人，陪伴他的只有快樂和成就。
只要觀念正確，緊隨在後的就是成長和獲利。

第9章

伸展自己，才能永續

仰望棲蘭山，才驚覺自己的渺小；
發現自己渺小的同時，
內心的激盪澎湃將化成一股又一股強大的力量。

一九八七年以前，我幾乎是個一天二十四小時賣命工作、全年無休的人。但是，有段時間也禁不起股票的誘惑，一度想不開，突然間，就是不想工作了。

一九八七正是股票開始狂飆的第一年，我當時已經結婚，買了汽車、房子，手上還有幾百萬現金。每天看著股票飛揚，禁不起誘惑，進場試手氣。沒想到，在沒有經驗的情況下，每天就能獲利二、三十萬，有時甚至高達五十萬。霎時覺得錢怎麼這麼好賺。做推銷、經營公司，每天忙得要死，也賺不了這麼多。

我隨即全力投入，不到一個月，碰到股市十月大崩盤，沒多久就虧光了所有積蓄，這是我人生中第三次破產。

在沒有任何資金的情況下，我只好退出股市，專心做事業，幫別人賣產品。兩年後恢復實力，股市也恢復榮面，我不死心又重新投入。這一次，愈做愈順手，自以爲已經有本事，手上握有千萬資金，有房子、有車子，對於自己的經濟狀況也非常滿足，竟索性結束公司，專心玩股票，一心只想靠股票致富。

全心投入股市，如同我平時的工作態度，立即付諸行動，把公司結束，解散員工，拍拍屁股一個人回家。沒人來得及勸，就算勸也不見得勸得動吧！沒多久又碰上九月二十四日發生的郭婉容事件，股票再度崩盤，賺的錢又全部付諸流水。

也正因爲有這一次「退休」，才會有今天的金革。

人生不該只是浮沉錢海而已

三十二歲不到就結束公司營運，退休在家，每天除了吃飯、睡覺，只做三件事——

看報、玩股票、打電動玩具。早上一起床，先看好幾份報紙，翻來覆去，看得十分仔細；看完了報紙，就到匯豐證券，看盤、下單、玩股票；下午呢，不是打電動玩具、看晚報，就是擁著棉被，抱頭大睡，幾乎足不出戶。

雖然很用心玩股票，可是股票這東西操之在人，我又是那種非得賣力工作才有錢賺的命，在這上面怎麼可能賺得到錢?!不到半年，非但沒賺到錢，我連老本都賠進去了，財產很快就少了幾百萬元。

當時連自己都覺得有點頹廢，更別說別人了。有一個在中原大學讀四年級的學生張大光，是曾經跟著我工作兩個暑假的工讀生，和我感情很好，也很談得來。學校沒課時就跑到我家住，看著我的生活情形，沒事就唸我：「勁嗓，你這樣簡直和一個七十歲的人沒兩樣！再這麼下去，縱使你在股票上賺了很多錢，將來有一天，你回想你的人生，一定會覺得自己的人生沒什麼意義。」

張大光後來成了金革的業務部經理，二〇〇四年自行創業，現在是「故事屋」的老闆。他談到那時候的我：「除了滿嘴股票經，一點光彩都沒有，簡直都不像我認識的陳建育。」

這樣過了幾個月，快到舊曆年時，大哥陳建章突然邀我出去環島旅行。這些日子實在過得無趣極了，便也答應同行。

一趟旅行，改變一生

回想起來，那次環島旅行對我意義重大，可以說我是從這裡才開始建立了一點正確的人生觀。旅途中的所見所聞，對我一生的行事，產生極重大的影響。過去的三十二年，都算白過了。

我們從宜蘭穿過中部橫貫公路，到了台中再往南。這是我生平第一次旅行，才剛抵達棲蘭山，我就大受震撼。我是基隆暖暖人，基隆也是山城，但這輩子我就是沒好好看過山。直到在棲蘭山下，仰望高山，才驚覺到自己的渺小。

到了阿里山，走在步道上，又看到前人留存的痕跡。那條步道，據說是日本時代人工建造完成的，艱鉅的工程，辛苦可見。幾十年過去了，後人依然踏著同一條步道行進，承受著先人的餘蔭。

那時，心裡閃過一個念頭：「人的一生，總要留點什麼。」但一晃而逝，沒什麼具體的想法。

旅程繼續南下，到了台灣尾端的墾丁，當晚夜宿墾丁賓館。

以前滿腦子都想賺錢，心中只有工作，沒有休閒，更不要說是出國觀光了。墾丁賓館是在那之前唯一住過最高級的飯店，飯店中的設備，讓人嘆爲觀止。在賓館中看到來台灣觀光的外國人，別人悠閒的態度、快樂的笑容，和我這種懸著莫名的心事跑來散心的德行，簡直有天壤之別。

「人要如何才能享受這樣的日子？」我對自己提出問題，也找到了答案——必須更成功。

這次旅行，包括棲蘭山、阿里山、墾丁所見，各地對我都有所啓發，也醞釀了我內心的企圖，決心向更大的目標挑戰。

張開眼睛，世界正在教導我們

回到台北，我立刻開始全心全意籌備嶄新的金革。

對我來說，這不是第一次開創事業，但這次出發卻源自全新的想法和觀念。最重要的是，我推翻了以前「做生意純爲賺錢」的態度，決定「永續經營，複製更多自己」。

我自認是個很會推銷的人，我有自己的一套「撇步」。有很多人也很適合做這一行，但是很可惜，沒有方法，沒有人教，一直做不好。相反地，只要是我教過的業務員，個個表現出色。

我打算把我這一套「撇步」教給所有想做這一行的人，複製更多像我一樣的人，創造更大的營業額，永續經營，要讓自己「能夠留下什麼」！

一次旅行，有了新的覺悟，也有新的作爲，我要「複製自己，永續經營」，傳承推銷風格。

大哥總是在我最失意的時候，給予最必要的幫助，激勵我前進。如果沒有他，永遠沒有今天的陳建育，可能早在二十年前，陳建育就消失了。

經歷過一次又一次的股票事件，現在想來感慨很深。之所以會結束公司，滿足現狀，過起荒唐的日子，又再度受傷害，現在回想，只因自己見識太少，不知人外有人，從未意識到自己的不足。

從當主管開始，我每天就守著業務員，守著自己的公司。來找我的廠商都當我是大客戶，對我畢恭畢敬，不是要拉生意，就是要借錢；對我說的話，更是好聽到不行，說我在辦公室坐的是龍位，必得屬猴的人坐才會大發（他們當然知道我是屬猴）；連我買在巷子裡的海沙屋，他們也可以說成布袋穴、聚財穴，說我上輩子是個大員外，做了很多的善事，這輩子會福報不斷……

業務員對我很崇拜，周圍的朋友也都羨慕我。我自以爲人生得意，已經很有成就。井底之蛙沒見過世面，也就容易滿足。

人一定要走出去，看看世界，更要廣泛去認識那些做得比我們好、更有成就的人，那是動力，是一種比學問更重要的動力。只有看到更多學習榜樣，讓我們知道自己的不足，才能更努力，也才更有生命力，活得也會更踏實。

第10章

做了決定，就立刻行動

勇敢去變、去追求新的局面，讓自己重新展現自己的美麗。

我一向是做了決定就立即行動的人，一九八八年重出江湖，和一年前退休一樣，決定了就馬上付諸行動。

旅行後回到台北，休息了一夜。第二天一早習慣性地拿著報紙，眼睛看著新聞，腦子已經跑到別的地方去了。所以，那一天我看了一上午的報紙，但有什麼新聞，卻一點也沒看進去。

對我來說，開創事業，有兩件事最重要，一是產品，二是人才。人才我不擔心，因爲我自己就是，還有一堆我帶過的人，急著跟我一起打天下。在我腦筋裡打轉的是：我要賣什麼？產品在哪裡？

決定賣套裝音樂卡帶

我一向擅長推銷和訓練，而最熟悉的產品，就是套裝圖書和音樂帶。那天下午，我不由自主地晃到唱片行隨意逛逛。

台灣的唱片行，到了這些年才具備國際化的規模。以往，除了新上市的暢銷歌曲會放在顧客一上門就看見的地方，其餘就隨老闆高興，統統堆在一起了，頂多按國語、台語、西洋分類，再不然就按出版的唱片公司分類。顧客往往很難找到想要的唱片，有些不夠暢銷的產品更是塞在角落，連老闆自己都找不到。

我看到這種情形，心裡頗爲興奮，因爲機會來了。我確定唱片可以賣得更好，只要做好有系統的整理，針對需要的人去推廣。像唱片行這種做法，一定錯失了許多顧客，也等於給了我賺錢的機會。

在唱片行，看到滾石、飛碟、歌林等大型唱片公司，固然好歌如林，好片如雲，但只要一過時，立刻被打入冷宮。至於小規模的唱片公司所出的唱片，除非大賣，否則可能只有幾天上架的機會。

這些過時的卡帶，難道一點價值都沒有嗎？我可不這樣認爲，反而覺得很可惜，我心想：「這些音樂帶，只有我這種推銷高手來賣，才有重生的可能。讓它們重生，是我的本事，不也就是我的機會嗎？」我有信心讓冷門商品熱賣。

以前，我賣書也賣音樂帶，但是，這一次我決心只賣音樂帶。

我認爲音樂和經濟景氣沒什麼關係，不管景氣好壞，人們都要聽音樂。賣音樂帶還有一個好處，音樂本身就是促銷體，隨身聽一打開，音樂就表達了它自己的內容，展開它的魅力，好聽的音樂是會講話的！

當然，這也有攜帶方便和營運資金上的考量。音樂帶不占體積，這一點比書好多了，不但推銷員易於攜帶，而且沒有庫存的壓力，賣多少拷貝多少，資金周轉完全沒有壓力。

找到了產品，我的想法是把這些有懷舊意義的唱片或歌曲，整理成套裝卡帶，以人員直銷的方式發行，第一步就是先找這些唱片出版公司洽談。立刻行動是我的習慣，第一家接觸的是滾石唱片。

拒絕不代表不可能

滾石是家大型唱片公司，派了一個總監和我談，聽了我的推銷計畫，表示有興趣，但沒有明確回應。過了一個禮拜，一點消息也沒有，我打電話去詢問，得不到任何正面回應，我進而直接登門拜訪總監，他告訴我，這個套裝直銷的業務，滾石唱片計劃自己做。

接著又和飛碟、寶麗金等唱片出版公司接觸，這些大公司一開口就表示沒興趣。當時出版民歌「金韻獎」的新格唱片，表達了高度興趣；但是，光是民歌部分，就出價兩百萬元。我不是不想買，問題是，我的資本總共才三百萬元，一旦買了新格的民歌，就什麼都不能做了，總不能只做單一產品。我還價八十萬元，沒有成交。

不死心是我做事業最大的特色，你不肯，我就去找別人。接著，我找了歌林、鄉城、柯達、光美……等唱片公司，這段接洽的過程，如今想起來，十分有趣。

歌林唱片當時規模很大，主管也很難約。電話裡談了幾次，剛開始歌林副總陳永惠有興趣，但對於我只肯出價五十萬元，卻要從歌林的所有老歌中挑選一百四十首、組合成套，認爲出價太低，他們興趣缺缺。

歌林唱片不像新格那麼沒彈性，偶爾會鬆鬆口。只要看到一絲絲希望，我怎麼肯放棄？我告訴陳先生：「我替你們做最直接的推銷，等於爲你們做免費宣傳。你想想，我去推銷套裝音樂帶時，一定會讓顧客試聽，喚起他們的回憶。有時因爲套裝音樂帶要價太高，他們可能不願意成套購買，我又不能單張銷售，他們自然會走到唱片行挑選你們的老歌，這對你們只有好處，沒有壞處。」

最後又補上一段話：「你們不賣給我，放在那裡也是浪費。與其浪費，不如和我合作，共同重新炒熱歌林的好歌。這段期間，你們不但不必花任何宣傳費用，還可以收取我的權利金。」

這些話，他是聽進去了，價錢上卻不肯讓步。他好整以暇，因爲對他們來說，這只是一筆多出來的小生意，收益也不大；我卻急死了，我的公司正等著這個產品重新創業。

我不能讓事情這樣拖著，每天不斷打電話給他。有天一大早，我約他見面，到了他們位於中山北路的辦公室，他正和當紅藝人林慧萍談事情。他請我坐在辦公室等，我獨自在裡面，一等就是兩個多小時。當時林慧萍紅得不得了，陳永惠跟她在隔壁會議室裡，有說有笑。一直到中午，他要和林慧萍出去吃飯，這才想起我還在他辦公室裡等著，可能有點不好意思，就找副課長吳一奇請我吃午飯。

這頓飯，我是領受了，不過，我也請吳先生幫我傳話：「這項交易對雙方都有好處，可是這樣耗下去，都是在浪費彼此的時間。」

吳先生解釋說，歌林唱片是一家有制度和組織的公司，必須顧慮內部的作業程序；而且他們從來沒有授權經營的經驗，在價錢的認知上也有差距。

我加強語氣地回答說：「沒有經驗？今天做了，明天就有經驗了，賺錢要看後續產生的效應。」

金革重出江湖的祕密武器

或許是因爲跑了太多次，也打了太多電話，這筆生意總算有些進展。陳先生要求碰面談細節，歌林唱片答應我提出來的價錢，不過有附帶條件：以後金革所有的錄音帶生產，都必須用歌林唱片代理自日本進口的DENON錄音帶生產。

當時，在所有工廠，拷貝商用的錄音帶，幾乎都是韓國進口的，一盤只要一百至一百四十元；而日本的DENON盤帶，一盤超過三百元。一盤DENON錄音帶的花費，可以買三盤韓國帶，這在生產的成本上將增加大筆負擔。

但這也是我當時復出想要做的，我重新起步，要做的是永續經營的事業。既然如此，要做就要和別人不一樣：品質好，才能建立品牌。套裝卡帶講究的是音質的保存，如果用較差的錄音帶，多聽幾次，磁粉就會脫落，產生雜音。我本來就打算用比較好的錄音帶，歌林唱片的要求，正好是我對自己的要求。事實上，他們的要求反而省了我不少麻煩。我剛好可以利用這個機會，直接跟代理商談大量使用盤帶的優待價格。所以，我當然一口就答應。

這筆生意總算在半個月內談成了，歌林唱片交給我三百多首歌，讓我自行挑出一百二十首，做成十卷卡帶，我將它取名為「歌林巨星紀念專輯」。

同一時間，我也去找了鄉城唱片。鄉城業務的負責人是吳定春，他也是興來唱片的總經理。吳先生是個熱情的人，有生意就做，不但自己做，還介紹我認識柯達唱片的呂老闆。

吳定春把自己公司出版的唱片，裝了幾大箱讓我帶回去當樣品，要我盡情挑。我從中挑了台語歌一百四十首，組成一套「台灣故鄉情」；國語歌一百四十首，組成一套「意難忘」；還選了柯達的「Piano Bar」，改名為「楊燦明鋼琴獨奏」。

要從幾千首歌中挑出幾百首，這可是項大工程，時間又很趕。我和老婆及一群工作人員只好窩在家裡，連夜趕工。就這樣趕了幾個月，終於編輯完成四種套裝音樂產品。

這四種套裝音樂產品，就成了金革重出江湖的武器。

找出產品背後的動人故事

有了武器，就可以攻城掠地嗎？當然不是！

一般人常會有種誤解，認為所謂「套裝音樂」，只是把買來的單張音樂加在一起就成了，一次賣個八張、十張。其實完全不是這麼一回事，套裝音樂賣的是「風格」、「概念」，音樂好聽只是基本條件，還要附加珍藏價值。

因此，我們編製套裝音樂時，除了重整曲目外，也為每卷音樂重新設計封面，還要為整套音樂做整體包裝，充分呈現出「珍藏」的質感，等於是兩次包裝設計。這道程序雖然費心費工，但非常重要。

我還要求附上一本導聆專書，介紹這套音樂帶的內容，讓聽的人更能融入音樂中。為了讓每個顧客明顯感覺到物超所值，這時導聆專書的用心編輯就非常重要了。你必須收集完整的音樂資料，提煉出每一首歌曲、每一段音樂中最感人的部分，才能提升產品的使用容易度和保存價值。

舉例來說，西洋歌曲「Oh! Pretty Woman」是暢銷電影「麻雀變鳳凰」的主題曲。而它的誕生是來自於一九六四年某天下午，作詞家羅伊・歐比森（Roy Orbison）的太太正打算出門逛街，羅伊問她需不需要錢，當時的客人比爾・迪（Bill Dees）一時興起，說了一句：「像這樣漂亮的女人出門，才不需要帶錢呢！」（A pretty woman never need any money.）。突然間，兩人都覺得這句話太妙了！等他太太購物回來，踏入家門時，看見羅伊和比爾兩人已經坐在鋼琴前，深情款款地對她唱著：「Oh! Pretty woman……」

又如台灣民謠「補破網」，歌詞裡「天河用線做橋板」中的「天河」和閩南語的「縫好」是諧音，足見作詞者的巧思。

每一首歌曲背後都有感人的故事，顧客得知這些故事之後，更能被音樂感動，也更能珍惜所購買的產品了。

我對包裝非常重視，務必要使每套套裝音樂「擺設送禮兩相宜」。但是，這次找的設計師，手上接有很多建設公司的廣告案子，對於我的商品包裝設計，無法投注太多的時間和精神，設計出來的味道完全不對，又總是無法準時交稿。在緊急時刻，學美術設計的老婆說：「爲什麼不讓我試試看呢？」一試之下，才曉得我的老婆實在是太棒了，她的設計眞是好得不得了！

這次永續經營的事業，最大的後援基礎，就是我的老婆！

第11章

我要讓自己完全沒有退路

別留退路，別想退而求其次，
放手一搏，我們有無窮的力量！

我的資本並不雄厚，但是，我把全部的家當都押在這一注。相信只要賣力，一定會成功。

平時我不是一個「龜毛」的人，但是，有些地方卻很堅持，譬如說辦公室的地點。我一心一意往博愛路和重慶南路一帶尋找，這其中有一點點「個人情結」。因為當年我走進推銷這一行，第一次開公司的地點，就在博愛路和開封街口，但這還不是最重要的原因。主要是我認爲推銷這一行最適合工讀生，找人時總偏好找工讀生。因此，公司就必須設在學生最常聚集的地方，這樣對彼此都方便。

重慶南路、博愛路離台北車站很近，大家都找得到。加上我那個時代，學生都去重慶南路逛書店；而最常約會的地點，不是台北郵局，就是生生皮鞋，也都是在博愛路一帶。

目標雖然清楚，但進行起來卻不太順利。

我設定的辦公室標準，其實挺高的：除了地點希望在博愛路、重慶南路一帶；坪數也不能小，至少要七十坪；還要能配合我的業務規畫，隔出四間會議室。

我希望到時候把所有工讀生分成四組，業績競賽時，每個組就得有自己的「地盤」，不管開會還是做其他活動，都要有獨立的空間，才能凝聚小組成員的感情，激發團隊士氣。

再者，我找辦公室和別人不一樣，別人是看報紙找房子，我是直接跑到這幾條路上，一幢一幢大樓去找。忠孝東西路、館前路、開封街、漢口街、重慶南路……幾條路上的辦公大樓，走了一遍又一遍，一層又一層。

我認爲，昨天沒有房子要出租，不代表今天也沒有。以前做推銷時，我也是抱持著同樣的信念，同一個地點跑了一天又一天。

用推銷的精神找辦公室

但是，時間一天一天過去，產品有了，主要的人手也差不多到齊了，不能再拖下去。我一度還到松江路去找，之所以勉強認可松江路，是因爲那裡至少有個救國團，也是滿多學生聚集的地點。問題是，跑遍松江路，依然一無所獲。

於是，我只好再回到博愛路一帶。這次運氣不錯，我發現一間沒有招租、但很適合的辦公室。

那天，我走到博愛路三十六號一棟舊大樓，一樓一樓找。先搭電梯上九樓，沒發現房子出租。再往下走到八樓，我看見了一家撞球間。雖然破舊，但坪數不小，光線良好，空間完全獨立，完全合乎我的需求，心想：「要是能租到這間就好了！」

接著，我突然覺得很奇怪，這家撞球間擺了八張撞球檯，卻只有一個年紀不小的老先生在玩，看了半天，那老先生打得好極了。可是，在那個年代，打撞球的絕大多數是學生，這個地點這麼好，就在台北郵局正對面，爲什麼只有一個客人，而且年紀這麼大，學生都跑哪裡去了？

我腦子一轉就想通了，道理很簡單，撞球間做的是門市生意，誰會知道八樓有撞球間，專程跑來打撞球？這個念頭讓我發現機會，決定找撞球間的老闆談一談。沒想到一問之下，在打撞球的人正是老闆，也就是房東。

這真是運氣，完全跟推銷一樣，看到合意的房子，房東居然就在眼前，而且最重要的是，他的經營意願不強。雖說是「運氣」，但這運氣可是一層一層爬樓梯發掘出來的。

從「你的撞球怎麼打得這麼好」開始，兩個人談上話了。房東唉聲嘆氣地說：「生意不好做，做一天賠一天，簡直做不下去了。」

我說：「撞球間既然不賺錢，不如租給我，每個月還能賺房租。」

房東問：「你想要出多少錢租？撞球檯怎麼處理？」我開了一個合理的價格，並建議他登報賣掉撞球檯。

房東登了報，但幾天過去了，可惜有意買撞球檯的人，出價都很低，房東不願意，他說：「我買一張檯子要兩、三萬塊，現在他們一檯出價兩、三千塊，我怎麼賣呢？太過分了。」

實在沒時間等了，我問：「你一張撞球檯想賣多少錢？」

房東說：「少說也要兩萬塊！」

我想了一下，說：「好，我就用這個價錢全部買下來，再送給你，你把檯子全部搬走，房子租給我。我馬上請人裝潢，把你的房子變漂亮。」

有這樣的好事，房東以為我是瘋子，眼睛都亮了，怎麼會不答應?!就這樣，我找到了東山再起的基地，第二天立刻請人來設計施工，連押金、球檯和裝潢，總共花了一百萬元，占了總資本的三分之一。

辦公室是基地、是城堡

有人認為我在辦公室花了太多成本，其實，以我企圖要做的生意，這樣的費用不算多，畢竟辦公室是基地，是事業發展的城堡啊！

金革成立以後，規模愈來愈大，接著又把九樓、六樓、四樓租下來，一直到一九九七年年底在八德路買下自己的辦公室為止。

事實上，這一次再出發，我為公司花的每一筆錢，都是極度謹慎的，但花自己的錢則是孤注一擲。

新公司的資本額是三百萬元，這是以我當時手頭剩下的錢為基準。其中百分之五的股分，讓給了會計陳淑伶。她是我以前的老戰友，分開後，也找到不錯的工作。我不過撥了一通電話，她第二天立刻辭掉工作，很興奮地跑回來了，而且二話不說拿出十五萬元存款來投資。另外，我也讓了一些股分給三個姊姊。我知道這次創業一定賺錢，希望環境不好的姊姊們也發一點小財。

因爲這樣，我自己手頭上還留有幾十萬元，若留著這筆錢不用，我擔心自己就會覺得還有退路，而多了安逸之心，少了破釜沉舟的決心。

有一天，我和老婆開車上陽明山看朋友，回程時經過「陽明山太平洋聯誼社」，我們順道進去參觀。那裡的景觀固然讓我欣賞、流連，但我更喜歡那裡的會議室，不，更精確的說法是，我愛死那間會議室了！我從沒見過那麼壯觀的會議室，可以容納上百人，設備又好，該有的都有；更重要是，服務人員親切有禮，讓人感覺自己成了地位高尙的大人物。

在此之前，我這個鄉巴佬沒出過國，去過最好的地方就是墾丁賓館，從沒見識過國際化的會議室，這下子算是大開眼界，整個心都「醉」了！

當時心想：「要是新公司能在這裡開成立大會，那樣的場面多棒啊！平常沒事時，我還可以帶著幹部來游泳、吃飯、打網球，慰勞大家。」那時候，我對俱樂部、聯誼會之類的場所沒什麼概念，只想著怎麼使用這間會議室。打聽的結果是只有會員才能使用會議室，而要成爲會員就要入會，入會費是二十萬元。

第二天，我開了張二十萬元的即期支票，成爲太平洋聯誼社的會員，同時也讓自己再度一無所有。

破釜沉舟，才能看到希望

我是抱定了決心，全心全意要創一家新公司，只許成功、不許失敗。我要讓自己完全沒有退路，全力一擊，沒有所謂的僥倖和運氣。以前我不懂什麼叫做破釜沉舟，那一剎那，我懂了。

一九八九年五月十一日，金革唱片股份有限公司成立，第一次大會就在太平洋聯誼社的會議室召開，全省經銷商和工作人員共計四十餘人參加。

在這次會議上，不只是看到我自己的希望，也看到了金革的未來！

第四部

飆出業績的高音

偉大的樂團總需要一根靈巧的指揮棒，
掌棒的指揮必須深度了解每一位樂師，
才能引導指揮樂師們極致的演出，
奏出美麗感人的樂章。

第12章

公司應該是大家的寶貝

老闆是什麼？
不過是率先看見一塊可以下手開墾蠻荒之地的人而已。
別想一個人獨占一切，必須和每個夥伴分享，
如此夥伴才會愈來愈有勁，公司環境也會愈來愈溫馨，
不知不覺人生就豐富起來了！

在金革成立的第一個暑假，雖然創下超過一般「推銷」公司十倍的業績，但要繼續成長，就要複製更多領導人。除了外縣市的經銷商外，台北的班底幾乎都是工讀生。當時我培養了一些很優秀的幹部，重要的成員包括陳信樺、曾文正、池恩、張大光等等，這些人都十分傑出，也歷練出足夠的經驗。雖然每個都是難得的幹部，但畢竟年紀輕，有的還在讀書。做好自己的工作沒問題，但說到獨力領導一家公司，還眞是有點困難。

當時企業流行整廠輸出，許多大工廠因爲台灣人工和土地取得的成本愈來愈高，紛紛到國外設廠，而最有效率和簡單的做法就是整廠輸出。看到這個趨勢的我，開始思考如何讓我的業務方式也「整廠輸出」到各縣市。

於是，我就把所有開早會的方式、業績競賽的推動、內勤人員的重視和教育等訣竅，編成教材並錄音。計劃讓有企圖心的金革業務同仁晉升爲主管，用同一套模式在各縣市成立分公司。

經理人要像一艘不沉的船

我心裡很清楚，金革要擴大，就必須提拔更多主管來領導更多人。主管不能隨波逐流，要像一艘堅固的船，方向明確，立場堅定，上了競爭激烈的市場才夠看。主管除了執行領導外，還有一個重要的功能是救援。

推銷員每天都會面對許多新挑戰和業績壓力，若意志力不夠堅定，生命力較弱，隨時都有可能陣亡，陷入做不下去的危機中。當推銷員快陣亡的時候，就像不會游泳的人掉到海裡，拚命掙扎。在這個時候，不管他抓到什麼都會跟著沉下去，周圍意志不堅的人，也會受他影響，被他拉下去，跟著一起陣亡。

業務人才的招募培養很不容易，若不幸發生這種事，對公司的傷害很大。因此，只有事前確保他們抓到的是一艘堅固的船，才能得救。

身為推銷員的主管，不但要像一艘有救援功能的船，而且還要主動發現危機、主動出手救援，不能等到推銷員呼救才出面協助。所以，主管必須具備很多條件：不僅本身就是推銷高手，還要會主持會議，激勵員工，更要有強烈的敏感度與親和力，除了能夠不斷透過訓練培養員工的能耐，當員工遭受挫折、意志薄弱的時候，還要適時與其交談，給予有力的鼓舞，激勵他們再接再厲、屢創佳績！

業務是份簡單的工作，但老是面對顧客的拒絕，確實會讓很多人退縮。多數業務員多少都會有心志薄弱的時候，善用實際例子才能給員工適時的鼓勵！

人人都能挑戰自我極限

金革創辦這麼多年，成功挑戰自我極限的例子不勝枚舉。

公司創辦當年有一個文化大學的學生，患有嚴重口吃。他工作了一個月，雖然業績不是頂好，但工作認眞，有中級水準的表現。一天中午，他回到公司，把貨退給會計小姐，跑來跟我說不做了。我一問之下，才明白口吃讓他遭遇比一般人更大、更多的挫折。除了陪他聊天，我問他爲什麼明知道自己口吃，還跑來做這種天天要講話的工作？他說是想要挑戰自己，證實自己可以和一般人一樣！

我對他這種氣魄很感佩服，立即給予讚美和肯定；又問他，第一個月的業績其實不差啊，他是怎麼辦到的？他回想起成交過程，一邊講，我一邊讚嘆。

看他講得差不多了，一臉興奮的樣子，我就說，我必須誠實地告訴他，對他來說，這份工作的成功或失敗，背後代表的意義，比對任何人都重要。因爲口吃導致他表達困難，這個困難確實存在，他比任何人都更需要會話的訓練；何況他來工作前所下的挑戰和決心，比任何人都大，如今都成功了一半，卻爲了一點挫折就放棄，實在太可惜，損失也太大大。

以我跟他聊得這麼開心來看，我可以確定，他已經接近成功。就跟掘井取油一樣，油就快要冒出，只要再堅持幾天，就會比一般人做得更好，收穫更大。我又說：「你退貨時我沒看到，你去把貨領出來，我就當這件事沒發生過。我要等著看你完成工作，再高興地來跟我分享你的成就。」他領了貨，立刻出門推銷，一直持續到工讀結束，他愈做愈好。

起飛之前，練好基本功

另外一個在公司工作過幾個寒暑假的工讀生黃仁德，就讀於四海工專。在第三次回公司工作的夏天，連續幾天都做不好，有一天中午回公司拿了退貨單，準備退貨離職！

我在辦公室裡，看著他退完貨，就問他：「心情輕鬆了嗎？」

他低著頭不講話，我就說：「黃仁德，走！陪我去喝杯咖啡。」

到了咖啡廳，我們各自點了咖啡，我不跟他提工作，反而問他：「你怎麼這麼厲害？爲什麼不管學什麼都可以學得好？」

黃仁德是溜冰高手，羽毛球和桌球也都有校隊的水準。我知道他爲了學溜冰，每個假日都在冰宮溜冰；爲了打好羽毛球，每天早上五點多就到圓山打球……

他告訴我，他認爲做什麼就要像什麼，他也知道只要下功夫一定會有成就。爲了提升實力，他很聽教練的話，確實做到足夠的練習。他還提到，這一學期才開始學桌球，大部分同學都想一下子就進階到拿起球拍對打，他卻把大量時間花在基本動作的練習上。他認爲基本動作才是進步的關鍵，只要眞的付出耐心，練好了基本動作，就會進步神速。事實證明，許多比他早開始打球的同學，原本一場二十一球的比賽，可以讓他十五球；在他練好基本動作之後，不到三個月，不需要讓球反而可以打贏他們！

他愈講愈興奮，完全忘記剛才在公司的失意。我剛開始聽時，只是帶著崇拜的眼神，不停表示佩服和讚美。最後才說：「你這麼優秀，怎麼可以讓一時的不順利擊倒，半途而廢？」又問：「你現在心情如何？」

他說：「非常好！」

我就接著說：「我希望你以學習打球和溜冰的精神，再挑戰一次，我要看你在公司再一次優秀的表現。回去再把貨領出來，也把你的本性和眞正的實力發揮出來，用你的精神做金革夥伴的榜樣！」

結束談話，他高高興興回到辦公室，領了貨重新出門，又一次在暑假成爲公司業務同仁的楷模！

別讓一時的失敗，變成一生的陰影

我弟弟陳建仁考上輔仁大學的那年暑假，到公司打工。每天業績都做不起來，回公司就裝出酷酷的樣子，好像一點也不在乎。有一天，透過其中一個同學，交給我一封辭職信，信裡說他不怕吃苦，可以去挑磚頭、扛水泥，但不要吃這種看人臉色、沒有尊嚴的苦。

第二天，我和大哥一起約他吃飯，先聽他訴苦，再讚美他擁有的條件，長得帥，口才又好。我和大哥都說，他只要做滿這個暑假，什麼也別想，把全副心思都放在推銷上，他將來可能就會因爲這次訓練而變成大企業家。

一聽我們談到他的未來，他馬上把滿腦子理想都說了出來，我就說：「你的理想能不能實現，就看你能不能繼續挑戰，獲得勝利。如果你現在就半途離開，將來肯定無法排除這個記憶。一次失敗的業務經驗，會讓你以後畢業也不願意從事業務工作，那你前幾天的工作不但沒幫助到你，還阻礙了你未來所有機會。你這麼聰明，怎麼可以任由這種事發生在你身上？」

我說從小看他長大，清楚他有很強的能耐，我以多年工作的經驗保證，他絕對會是公司裡表現最好的一個，現在剛起步不舒服的感受，只要三天就會完全改變！他愈聽愈開心，最後說：「我相信我可以做好這份工作，之前只是不想做而已。如果決定要做，我就會是業績最好的一個！」

那年工讀生的最後一次業績競賽，他得到全公司第一名，印證了他的話：只要他決定要做，就會是業績最好的一個！

許多業務人員，如果不是主管有足夠能耐，早就離開了。公司若缺少足夠的人員，又怎麼能夠興盛呢？所以，企業要成長，主管人才的培訓就更加重要！

一天的能量，從早會開始

早會是業務人員最大的動力來源之一，但主管應該怎麼做，才能開個有力量的早會呢？以金革早會和我個人的學習，提供大家參考。

主管有時就像老師，如果能善用台上的時光，他就會成為教學有趣、又能有效激勵員工、大受歡迎的主管。不論是學生不喜歡上課，或是老師對學生印象不好，這都是老師的問題。許多老師可能自以為教學認真，但無法體認到自己教學時內容的無趣和乏味，導致學生上課打瞌睡或蹺課。同理可證，業務公司的早會非常重要，它決定了全公司業務人員一天的能量走向，但如果主持會議的主管不能帶動氣氛，只會訓話，就完蛋了。

金革的早會一向非常活潑，關於主持早會的一部分觀念，我應該是受到出版家文化事業的丁原浩課長所啓蒙。

丁先生博覽群書，主持早會很有特色。他會先講一個故事或笑話，偶爾還會唸首莎士比亞的詩，引導大家專心聆聽，心一旦受到打動，工作時也會產生激勵的力量。我聽過幾次他主持的早會，不但被他的能力吸引，對他這個人也產生無比的好奇。

我每天盯著他，下班也跟著他回家，不斷對他提問，聽他回答；為了刺激他講更多，也經常找話題跟他辯論。現在回想起來，當時的他，等於在無形中不斷薰陶、刺激、培養我。

後來我被嘉新出版社派去高雄開辦分公司，擔任業務主管。每天固定要開早會，我就以丁原浩的模式爲範本，加上自己的閱讀進修，融和實際業務經驗，不斷地實際操作、改良。金革早會的形式，就這樣沿革下來。

先感動，再行動

一個優秀的業務主管，必須懂得持續善用早會，以提升公司的能量。早會有兩個目的：一、提升業務人員的銷售技巧，建立正確的業務觀念；二、激勵員工，使其業務士氣達到最高點。

透過不斷和員工接觸、談話的機會，從談話中找出員工需求，發掘員工的傑出能量，以此決定早會的主題。我希望藉由早會與大家分享優秀人員的經驗，其中沒有古板的訓話，只有許多創業家奮鬥的故事，以及同仁們實際工作的精彩片段、感人體驗。

有時，連我都被自己敘述的故事感動，邊講邊紅了眼眶。爲了達到更大的效果，我總是在早會前一天晚上，先把所有的業務員名單放在桌前，仔細推敲，回憶我跟他們之間的每一段談話，釐清他們最大的困難和問題，訂好我的目的，再從我的閱讀、經驗及員工的故事裡，找出感人的素材，先草擬連自己都感動的內容，才會有所行動。

早會進行的過程中，在台上還要仔細觀察同仁的反應，從員工參與早會的表情和態度，判斷哪些人可能有困難，可能已經出了什麼事。早會後，還要透過私下的談話，深入了解員工的困難，提出實際解決問題的辦法。

由於早會總有新奇感人的故事，而同仁自己也常是故事裡的主角，導致大家都認定每天開早會是一種重要的參與，沒人會遲到；即使有重要的事，也會設法先參加完早會再去辦；而且大家都搶著坐前面的位子。漸漸地，演變成良性循環，主管可以有效利用早會，提升同仁的銷售力，激勵他們努力的態度，也在公司創造出良好氣氛，造就一個充滿朝氣的競爭團隊！

個人品質，決定人生價值

記得有一天，公司的倉庫管理員陳惟智，跑到我的辦公室問：「勁嗓，聽說你原來打算去當船員？」

我說：「是啊！」

他又問我：「那是爲什麼改變的？金革本來沒有自己的製作，產品也沒有進一般唱片門市，你怎麼會去做呢？」

我跟他講了很多改變的原因，以及大哥與我的談話，他說：「你眞幸運，在重要的關頭都有貴人出現！」

我說，每個人這一生都有很多貴人，貴人是否出現，端看遇到貴人的這個人品質如何；一個人本身的品質，將決定貴人的意義。所謂「一個人的好品質」指的是「即知即行」，聽了幾句就知道如何行動，而且是立刻行動，這樣的品質就決定了他的價值。世上有許多人，你跟他講再多成功方法，給他再多鼓勵和指導，只要他聽完之後沒有任何行動，那貴人就不存在。

我看阿智一臉困惑的樣子，就以我剛出社會時買摩托車的經驗，來解釋「品質價值」的觀念。

剛做業務工作時，由於沒有交通工具，有個同學送我一部舊機車，因爲不好意思，所以我付了他五百元。每天早上，我必須「賣命」發動它，總要用腳不停地踩、不停地催油門，有時甚至要打一檔、推著它跑一陣子，車子才會發動，經常好不容易發動了，沒幾秒鐘又熄火了。

對面美容院老闆娘每天早上看我在踩引擎，搞得滿頭大汗，有一天忍不住說：「少年耶，你透早吃飽飽，也踩到肚子餓！」

隔沒多久，我以分期付款換了一部新摩托車，偉士牌九十ＣＣ，每天早上輕輕一踩，引擎就立刻發動，而且絕不會熄火。

這部新車當時價值三萬四千多元，而那部發不動的摩托車只花了我五百元，不同的價值當然會有不同的品質。

阿智聽到這裡若有所思，點了點頭。他當時在倉庫工作，雖然認眞，但自我管理很差，每到週末就會到Pub喝酒、洗三溫暖……過著醉生夢死的生活，身上背了兩百多萬元的卡債。聽過我的談話之後，第二個月轉到業務部，負責銷售試聽機。從掛零半年開始，經過一年的努力，他幫公司贏得Nakamichi全球代理商的銷售冠軍。

二十幾年的業務和領導經驗，我很清楚員工的品質可以決定其個人的成長和未來，但如果主管自己沒有好品質，就無法提升員工的品質，更不可能爲公司創造價值，如果是這樣的主管，那他個人當然也就只能等著被淘汰。

讚美和肯定可以改變世界

我畢業於基隆暖暖國小，五年級以前，可能開竅太晚，我的課業可謂亂七八糟。對我來說，每天上學都極爲無趣，功課不好、作業不繳，上學只是去等著挨罵、挨打，我想當時的老師一定也對我很頭痛。

直到五年級，我碰到了唐炳如老師，他眞是一個啓蒙我生命的好老師。直到現在我都還記得，有一次他當著全班同學誇獎我：「這次考的閱讀測驗心得大意，全校學生中，就屬我們班的陳建育寫得最好！」我簡直受寵若驚，興奮得不得了！

還有一次上說話課，他問同學：「有沒有人要上台講故事？」他一看沒人舉手，就指定我上台。剛好那個時期我經常看《聯合報》的「林叔叔講故事」，就從裡面挑一個故事，講給大家聽。從此以後，每星期的說話課，都由我上台講故事。爲了講好每一次故事，我每天下課，就窩在一個有整倉庫故事書的同學家裡看書。從此我變成了愛上課、愛看書的小孩，也開始廣交朋友，開啓了快樂的童年生活。

讚美和肯定可以帶給人無比的力量，一個主管如果能夠給予部屬適時的讚美，足夠的肯定和機會，就會是一個力量無限的優秀主管。

放手拋掉成功帶來的侷限

如果你想要挑戰更大的未來，追求更美好的人生，最重要的是，不要眷戀，別想安逸，要學會「拋」，而且要大膽地「拋」！

我所謂的「拋」，意思是要拋掉現有職位的侷限，包括視野的侷限、對自己能力認知的侷限、滿足於現況的侷限……

業務員每天的生活很不穩定，等年紀一大，體力和身段就會比較不適合。因此，從事業務這一行，就要有這樣的體認——你必須不斷地「拋」，在做業務的時候，你要想辦法快速「拋」掉第一線的業務工作，晉級爲指導幹部；擔任指導幹部的時候，也要想辦法快速「拋」掉幹部的工作，晉級爲單位主管；然後再快速「拋」掉主管的工作，晉級爲經營者的角色。

而要晉級，就要表現出色，要有足夠企圖，挑戰業績，研究業務，做更多的學習，讓心胸更寬廣，培養良好的溝通本事……

如果你是個「萬年推銷員」或「萬年主管」，業績再好，也只是二流的角色。

要從外面找一個既了解金革的企業文化，又優秀的主管，實在太困難了！所以，我一向非常珍惜從公司內部栽培的每一個人，這麼多夥伴跟著我這麼多年，我也有責任培養他們，給他們機會。

一如，池恩、陳信樺、張大光、王健行、邱逑璿、鄭凱仁、林炯伶……

森林的偉大，來自每棵樹的茁壯

金革大掌櫃陳淑伶，就讀於輔大哲學系，我還在嘉新當主管時，她正值大一暑假，來我的業務單位當會計，幫忙管貨、記流水帳，頭腦非常清楚。從此到了暑假，我就找她來公司幫忙。由於她對公司太了解，加上善解人意、能力又強，她一畢業，我就聘請她擔任會計。後來，金革一成立，她也立刻加入，成爲我的第一個夥伴，同時也是金革的大掌櫃。有她在，我從來不必擔心貨物生產、存貨控制和資金的問題，是我的第一大副手，也是我最大的依賴。

陳信樺是金革成立以來最大的功臣之一，目前是網路購物公司PayEasy的副總經理。他聰明、有才華，但並不熱衷於推銷，不肯全心全意做推銷員，在金革留下三進三出的紀錄。他有很好的數學頭腦，又是畢聯會主席，頭腦轉得快，有領導力、喜歡研究又有耐性，是那種非把工作做到最好、否則不下班的人。

以前他幫我管倉庫和經銷商的貨，他積極任事，效率超高。我請他負責一個課的業務領導，大家在分組的時候，課長們總喜歡搶那些業績高的業務員，他卻專門接手其他課長不要的人。然而每次業績競賽，他所領導的課，最後都會做出最好的成績。遇到挑戰愈大、愈困難的事，他就愈投入。他常常說，那些已經做得很好的人，根本不需要他帶，帶得再好也不會有成就感。

後來，我讓他做管理部經理，幫公司電腦化、制度化。公司規模愈來愈大，人員、物料、管理，都需要有一套制度，這些是最煩人的事情，他卻做得很出色。一家公司要成功，不僅需要業務，也需要管理制度。而在我的心裡非常清楚，這方面是我最弱的部分，卻也是最重要的部分，有陳信樺負責，我豈不是如虎添翼？

張大光畢業於中原大學物理系，學生時期就在金革當業務主任。他喜歡閱讀和電影，分析能力強，對公司提供很多改進的建議。他講課的功力一流，許多公司業務同仁的產品專業知識，都由他負責教育訓練。金革的基礎建立，他的貢獻不可謂不大！

大智囊鄭宇迪，政大外交系讀了兩年又轉讀台大哲學系，畢業後留學比利時，博覽群書，寫得一手好字。他在公司創下喝咖啡文化：每到下午，幾個主管就選家咖啡廳，讓大家完全放鬆心情，各喝各的咖啡，看各自的書或小憩，然後進行腦力激盪，許多經典的競賽和活動就這樣一個又一個產生。

鄭宇迪學成回國後，任職台灣電通擔任創意總監。往後每當我腦窮，就把他找來喝咖啡，他總可以從日常大量的閱讀裡，找到我需要的點子。而公司的海報只要有他的書法，更讓我信心滿滿。

高志平，畢業於聯合工專，內斂穩重，有開創性又能獨當一面。工讀時期穩定的努力和成績，成了同事的好榜樣。退伍以後，金革成立展售部門，幫金革開創了業務的第二春。

梁百揚進金革時，就讀亞東工專一年級。他每天穿著一雙破球鞋出去推銷，平日在公司一句話也不講，有如自閉症。沒想到如此木訥的人，憑著努力也可以做好推銷工作。

有次業績競賽，他得了第二名，會計陳淑伶建議送他一雙名牌球鞋，但不知道尺寸，而爲了給他驚喜，又不能事先問他尺寸。陳淑伶只好用計，故意在地上倒一盆水，要他過去問話；他一離開，趕緊量地上的腳印。後來，這個木訥的人當上台中分公司主管，屢創佳績。

號稱「金革大帥哥」的邱述璿，工作極度認眞，拚勁十足，每天回宿舍，一進門就累得躺在地上睡著了。除了帶領直銷部門成立南部分公司，創下高額成績，又轉調中國大陸，單槍匹馬在中國大陸建立了金革上海分部，將音樂產品打進全中國的市場。

有「金革第一男高手」稱號的邱述琰，長得高又帥，做事冷靜、腦袋靈光，十足的師奶殺手。他在公司賣CD時，一天可以做到五萬元以上的業績；DVD大套裝出版時，他更經常創下單日破十萬元的紀錄。公司舉辦任何一次全省業績競賽，他不是第一名，就是第二名。而他每天也毫不保留地把獨門的高超技巧傳授給其他夥伴，大幅提升了公司業務人員的銷售水平。

說到鄭凱仁，我給他取了一個外號叫「瘋子阿皮」，世新一年級時就進金革。他每天出門推銷，總會帶好幾台隨身聽，一次推銷可以同時服務好幾個客人。他經常創下不可思議的業績，把公司的紀錄一次又一次推到高點，讓每次的業績競賽，更加刺激，帶動了公司整體的業務水準。

黃大鳴在台北工專一年級時的暑假進金革，風趣又耐操，只要他上了台，總是妙語如珠，台下必定笑聲不斷。他不但是業務超人，更是搞笑天王，我都叫他「大口鳥」，因爲他在台上什麼話都講得出來。金革有他，每次遇到各種大活動、大聚會，還沒開始大家就已經在期待。

王健行畢業於逢甲大學紡織系，剛考上大學的那年暑假，就進金革打工。從被戲稱爲「三套王子」，一路做到業績第一名，吃苦耐勞、勤快無比，又樂意助人。他當上幹部之後，總是耐心照顧著公司的每一個夥伴，全公司包括我都叫他「王哥哥」。憑著後天的努力和學習，原本不懂電腦的他，居然成功協助公司建立電子商務部門。

程式設計天才陳佳永，就讀逢甲經濟系一年級時，到金革打工。他學的是經濟，卻自行專研電腦程式設計，畢業後改行做電腦軟體設計。金革著手進行電腦化時，全公司沒人懂電腦，在他的專業和陳信樺的推動下，很多複雜的電腦問題都迎刃而解。往後電子商務部的成立、財務作業的程式改良、同仁的電腦專業提升，都要歸功於他。

何偉雄是馬來西亞僑生，就讀於交大管理科學系。剛上一年級，就來金革打工賺學費，除了供應自己的生活費，還定期匯款回家。畢業後，先以他的專業協助陳信樺。而後董事長發現他的英文能力媲美外國人，便將他轉調國外部，升任經理，負責對外溝通採購。由於他是業務出身，了解市場，幫業務部爭取到很多需求。金革與國外同業溝通管道暢通，在坎城建立足夠的商譽，業務同仁產品需求的滿足，他的功勞眞是大！

陳慶鴻在就讀基隆崇佑企專一年級的暑假，到公司打工。剛進公司時，他完全沒有自信，每天都低著頭不講話，但就是喜歡公司，每年寒、暑假都自動報到。經過幾年的磨練，長得高大又充滿自信，常自稱「帥鴻」，是公司開發展覽最有效率、也最能在賣場創造買氣的夥伴。現在自創「活動王股份有限公司」，專門接辦學生和企業的活動，成了業界響叮噹的一號人物。

林國禎原本是黎明工專的流氓學生，舞技一流。但剛進公司時，很長一段時間都做不好，可謂「掛零天王」。雖然如此，他還是憑著驚人的毅力，最後和黃吉鋒、江世文並列「金革三大銷售天王」，是公司同仁效法的最佳榜樣。退伍後自學英文有成，在上海擔任創凌信息科技有限公司總經理、萬象翻譯股份有限公司副總經理，曾被媒體評爲「大陸年度最佳企業領導」。

黃吉鋒讀新埔工專一年級的暑假就進金革，是標準乖學生。他每年都工作到開學以後，因爲每年暑假，公司最後一次全省競賽，都會剛好卡到開學的時間。即使已經開學，他還是繼續全程參與比賽，白天把產品帶到學校，賣給學校的教官和老師；晚上就在淡水附近推銷，日夜努力，總能創下佳績。他每年打工，等於完全沒放暑假，在金革從一個手無縛雞之力的小男生，成長爲陽光青年。無論公司如何調派，他都完全配合，並成爲同仁楷模。現在負責金革公播機的推廣，可說是金革的當紅炸子雞。

江世文讀板橋高中一年級時就進公司，每天戴著同一條黑色領帶，提著〇〇七手提箱，卻始終賣不出產品。他從一開始滿腦子疑問：「到底怎麼做才能成爲高級業務員？」幾經努力，第二年就躍升爲公司高手之一。現在是進口高級家具的超級業務員，個人單月業績高達千萬元。

會計主管林炯伶，剛開始也是在金革當工讀生。她的志向是成爲專業會計，畢業後，由於當時金革沒有這個需求和職位，只好離開，到會計師事務所學習。當金革的業務量大到需要她的專才時，我一通電話，她不管當時老闆提出多少加薪的優厚條件，毫不猶豫地立刻歸隊。員工若想到外面闖蕩，公司沒有立場阻止，但是，由於他們了解公司對人才的珍惜，等到公司有了他們發揮的空間，離開的人自然會歸隊。

人才濟濟是金革最大的寶藏，而這些人才都是青少年時期就在金革和我一起打拚，相處超過十年以上。他們都是窮人家小孩，但個個吃苦耐勞，熱愛公司和團隊，總是爲公司無止盡地付出，甚至比我當年還要拚命。金革若沒有他們，絕不可能興盛。

團隊的力量，來自更大的參與

我始終認爲，像這樣的夥伴，光讓他們領薪水是不公平的。一九八九年初，我毅然宣布，金革要大幅開放員工認股。我透過增資，讓自己擁有的股份由八成五降到三成。同時在一九九一年還成立「利潤中心制」，讓每個主管開設分公司，充分授權，獨當一面，承擔更大的責任，享受更高的利潤。

我閱讀陳之藩的散文時，看到一件有趣的事，正好印證我的想法：

研究數學的人，往往一開始進行研究，就會不眠不休。可是，時間一到，打字祕書要下班了，一群數學大師還想繼續做研究。但少了祕書打字，研究工作沒人記錄，麻煩就大了。於是，有個大師想了個辦法，教會祕書研究數學的方法和樂趣。祕書學了，產生興趣，也捨不得停下工作，下班時間到了，還繼續留在研究室裡，跟大家一起做研究。結果不但解決了打字問題，後來祕書還變成研究邏輯的數學大師。

與其請人幫忙，不如拖人下海，眞是最聰明的辦法。

在金革，很多同事都很優秀，他們的能力和努力往往讓我由衷佩服。雖然每次發薪水，他們都很滿意，但我個人卻領到更多。工讀生裡有很多奇葩，他們能衝業績、有想法、能完成各種任務……大家在一起非常快樂。我很清楚，他們對金革的貢獻實在太大了，理應有更美好的未來。同時，我也認爲一個企業的成功，靠的是全體人員的努力，個人獨享太多利益是不道德的。

爲了讓大家下海，我在一九八九年就推動工讀生認股制度。每一個在金革打工兩次（寒假或暑假）以上的工讀生，都可以投資金革六萬元，幹部可以投資九萬元。這個制度一推出，大家熱烈響應，參與認股。

以後每年五月，金革召開股東大會，分發當年度的紅利，幾乎每次都是百分之百以上的現金紅利，最高的一次是我三十九歲那一年（一九九四年），發了現金十二元、股票三點五元。

在我三十五歲以前，金革的經銷商、員工和工讀生就都已經是公司的股東了。

辛苦後的時光最快樂

付出努力之後的回報和玩樂，是最扎實、甜美的享受。大家一起拚命努力，達成目標後再拚命玩樂，當然就是最快樂的時光！爲了讓員工品嘗流汗後的甜美果實，我特別重視金革的福利制度。

首先，只要員工努力，公司在薪水與紅利上，一定會給予相對應的報酬。

由於工讀生都參加了公司的投資，大家賣力工作，一起關心公司，除了每次領到的薪水數目，都是一般行業不可能獲得的數字，每年公司年度結算後，也都有大量的獲利。所以，每次分紅日和發薪日，就是大家最快樂的時光，因爲領到高薪、高紅利就是個人努力最大的肯定和回報。每當這一天來臨，員工們無論男女，都會打扮得花枝招展，高高興興領了錢，再去大買特買，好好犒賞自己與家人。

此外，金革一年辦一次國外員工旅遊。出國費用都由公司負擔，表現優異的部門，每個人加發一百美元做爲國外的旅費。我都選定點度假，活動過程中，絕不安排一般旅行團令人詬病的購物行程；而考量衛生問題，所有的餐飲都必須在五星級飯店裡享用。

我們去過的地方，包括印尼峇里島、泰國普吉島、馬來西亞蘭卡威、沙巴、關島、日本北海道……每次度假期間，一定會在飯店游泳池畔，舉辦一百多人的晚餐宴會。餐桌鋪上白色桌巾，還找來浪漫的小樂團，繞著餐桌，一桌一桌演出。所有的一切，專屬金革同仁；大家感到榮耀，玩得高興極了！看到夥伴們滿意的表情，我當然是最開心的一個。

青春就該發光發熱

工讀生總會長大，他們的未來，就成了我的責任。我認爲年輕才是本錢，因爲年輕時才有足夠的幹勁和體力，尤其是執行任務和帶動全體的熱情。

於是，我開始廣建分公司，讓那些年紀輕、表現好、又有企圖心的業務幹部都獨當一面、承擔更大責任。當這些年輕人有機會到各縣市開辦新單位，當上主管，能分享公司的利潤，他們就會更了解成本，學習控管，親身體驗當老闆的感覺。

這一建制，也在公司產生了良性的競爭。每年舉辦的全省業績競賽，總能把業務推向最高峰。全省業績競賽的頒獎榮耀，產生了極大的動力，讓業務成長好幾倍。比賽過程中的叫陣、比賽後的全省大活動，更凝聚了大家的向心力。員工個個創造出不可思議的佳績，同仁們互相較勁，也互相佩服，公司一片欣欣向榮，變得更有凝聚力，通路也更多了。

這樣的成果，讓我滿心喜悅，這無關個人收益多少，以往整天圍著我的部屬們，有自己的單位要經營，有自己的部屬要照顧、訓練；都開始獨當一面，爲自己的一艘船掌舵。我心裡也感到踏實。就這樣，公司變成了人才庫，我也樂得輕鬆。

經理人如何扮演好一艘堅強有力的船？

一、一坐上經理的職位，就占盡了天時地利，得以強化自己的力量！

業務主管和業務員一樣，每天碰到的問題一大堆，同樣要面對業績的壓力。如果領導人本身沒有夠堅定的信念和決心，專業知識也不足，企圖心不夠，在一連串的業務問題產生之後，自己也會動搖。因為主管和業務員其實是一樣的，他們的待遇與業績息息相關，從不健康的角度思考，就是待遇沒有保障。

業務領導人必須要不斷閱讀和學習，然而最主要的學習對象，不是學校也不是書本，卻是他所帶領的業務人員。

業務員每天在外面征戰，本身就有很多成功和失敗的實例。優秀的主管在其崗位上，占盡了天時、地利，每天都可以透過和業務同仁的溝通，扮演好積極專注的聽衆，了解他們工作的過程，進而得到不可思議的能量。

要致富，先開路，這是至理名言。所謂「開路」指的是交通，用在業務上就是指「溝通」。青苔沒有通路，只能長兩吋高；如果有樹、圍牆做通路，它就可以爬到幾丈高。主管也許本事有限，但透過不斷的溝通，便可以無限成長。

主管必須要能夠一面聽，一面引導業務人員做更多分享，這些經驗也將變成領導人最大的力量來源。因為業務主管必須每天解決各個業務人員的銷售問題，並提出建設性的指導，一旦了解如何過濾業務人員的經驗，自然對照自己的實際遭遇和閱讀得來的經驗，很容易就可以把這些化為最真實的專業，當然也就變成問題處理專家。

二、領導的船艦，必須具備速度的力量。

業務員都喜歡講話，也喜歡影響別人。當業務員在外面碰到挫折和誘惑，原本堅定的努力態度，有可能立刻改變。如果沒有好的主管及時發覺，並加以正確有力的引導，問題將會不斷擴大，進而影響其他努力的夥伴，在公司裡自然形成極具破壞力的小團體。而一個原本堅強的業務團隊，就可能受到極大傷害，甚至整個瓦解，破碎不堪。

業務主管必須了解，當一群人為相同的目標而同甘共苦時，所有的苦都不是苦；但若其中有一個人開始鬆懈，一切就會改變，團隊就會迅速瓦解。

如果一個主管始終高高在上，沒有經常和業務人員深入地聊天、交流，並獲得足夠的信任，他將一直重複同樣的循環——徵人、訓練人、瓦解、從頭開始，永遠也無法組成強大的業務團隊。

所以，業務主管只要發現一點問題的徵兆，就要立刻約談業務員，而且要耐心聆聽，專注地引導業務員講出真正的問題。

我的做法是，一發現業務員的問題，我會請他進辦公室或到附近的咖啡廳，喝杯咖啡；同時準備好紙筆，不停發問，記下對方的談話，我會不斷地說：「還有呢？你再多講一點，我喜歡聽。」只有業務員對主管毫無保留地傾訴，主管才能夠對症下藥！

三、好好先生就是壞壞主管。

任何人都喜歡一個不會給他壓力的好好先生，但卻不會尊敬、追隨好好先生。人類天生喜歡群居終日、無所用心地過日子，因為這種天性，讓許多人懶散、不願意承擔責任，在工作上能混就混。

但企業講究品質和服務，業績來自努力和用心，一個好的主管必須要提升員工的能力，使其做足夠的努力，達到自己的要求。

而要達到效果，主管就必須隨時提供員工協助，並且給予必須的要求和管理。如果一味地討好員工，只想避免爭端和不愉快，肯定會產生一次又一次的姑息；而姑息的結果，就是大家一起鬼混，互推責任，虛應故事……長久下來，必將走向主管離職或公司關門的路。

對於犯錯的員工，好主管應當立刻找機會糾正，想出好辦法，給予指導和協助，以免員工一錯再錯。此外，還得訂出必要的管理辦法並嚴格執行，心裡更要有絕對的標準，讓員工有所遵循；不論是非對錯，心裡都要有一把尺公正衡量。

我認為，只要員工犯錯，不管其平日貢獻多少，都要秉公處理。但許多主管會跟業績妥協，導致業績高的人變相擁有犯錯的特權，這樣一來絕對會把公司搞得烏煙瘴氣。

因此，主管絕對不能投鼠忌器，害怕得罪超級業務員。業績再高，也不能擁有道德瑕疵的特權。主管應當放手糾正，甚至給予適當的處罰，縱使辭退了他們，公司只會更好、不會變壞；因為一旦建立了優良規範，將衍生更好的企業文化和領導威望。至於離開的超級業務員，自然有新人取而代之。

以前金革有一個業務員，工作認真又充滿膽識，他一個人的業績抵得過好幾個人，但素行不良，在公司的舞會上亂吃女同事豆腐，我第二天立刻辭退他。

還有一個老業務，發現新進業務員跟他跑同一個市場，回公司後居然警告對方不可以再去跑同一個地方。

我知道以後，對他說，市場是大家的，任何人都不可以獨占。

他說那個市場很大，新人去跑，做不出像他一樣高的成績，那是浪費市場！

我告訴他，新人好不容易找到一個好市場，當然要讓他繼續耕耘，享受一下成就感。相反地，他是老業務，有實力迎接更大的挑戰，應該本著照顧新人的心態，把市場讓給新人，自己繼續開發新市場。這麼做不但可以提高自己的業務能力，新人對他也會更尊敬，將來他才能擔當更重要的責任，挑戰更大的任務和職位。而且他看起來就是當企業家的料，實力堅強，絕對有辦法完成這個看似不可能的任務。一次一次類似這樣的讚美與談話，總能讓一些老業務員心甘情願地協助新進夥伴。

主管不但要提升業務人員的能力，還要鼓勵他們協助新進人員，做為新人的榜樣，如此才能營造更和諧的公司氣氛。而老人照顧新人，新人尊敬老人，還能間接提升公司的團隊精神。只要能做到這個地步，就能成為員工想追隨的好主管，進而帶動公司整體的成長茁壯。

第13章

企業不能停下來，人員必須動起來

企業文化不是老闆的口號，而是企業整體的行動；老闆帶頭，深植公司。

它是潮流，它是流行，人人都得跟得上，不容落伍。

一九九二年春，我和老婆去夏威夷度假，其中一站是大島。到了大島，一下飛機，開著租來的敞篷跑車，載著太太一路疾馳，非常舒服。但愈開愈覺得奇怪，放眼看去，一望無際，眼前全都是火山爆發後熔漿經過留下的黑色焦岩，光禿禿的一片，荒涼至極，眞是「鳥不生蛋」的地方。

可是，到了飯店區，眼前的景色忽然間全變了，出現一大片綠，一路上草木扶疏、花團錦簇、小橋流水、高爾夫球場一個接一個，有如世外桃源。內心眞是震撼，他們泥土怎麼運來的？花草、樹木怎麼種的？這麼宏偉的建築又是怎麼完工的？到底要花多少錢呢？這些企業家的投資，怎麼這麼大膽？這是我做夢也想不到的。

大島的飯店區，在荒涼中創造了美景，有山、有水，還有許多美麗的高爾夫球場。我們住在凱悅大飯店，飯店大得離譜，整個空間充滿熱帶雨林的味道，有各種不同設計的游泳池、各國風味的餐廳。一進大廳，就有服務人員招呼；辦好了住房手續，要前往我們的房間，服務人員問：「要搭船，還是電車？」原來飯店裡闢建了一條小水道和小鐵路，有小船和小火車送房客前往自己的房間區。

這些飯店不需要推銷，就有客人願意坐好幾個小時的飛機，主動上門，付高昂的房價。到了旅遊旺季，甚至常常訂不到房間。

創造品牌，邁向國際

這種投資和經營的模式，讓我大開眼界，也讓我對企業家的投資觀有了全新的認識——大膽投資，用心做出好東西，有好的服務品質，就永遠都能吸引顧客自動上門。

回到台灣，我的經營心態大幅改變，決心大力投資，開發更多、更好的產品，創造更多、更好的口碑，讓顧客主動上門，幫忙宣傳……

在此之前，金革的產品並非不好，只是都屬於別人賣不掉，經過我改良、重新包裝過的產品，而且侷限於台灣的商品、台灣的市場。我決定要開發世界性的產品，而且要更清楚定位方向——我要為忙碌的上班族，做最精緻、最值得珍藏的音樂產品。

這時候，我最崇拜的大哥陳建章，在玩具界已經成就了一番事業，是個優秀的國際貿易人才，正考慮是否去大陸投資。我硬是說服他和我合作，將他的貿易公司和金革唱片合併，並請他擔任董事長，以他的國際觀及貿易專長來帶領金革，挑戰更大的目標。

一開始，董事長成立國際版權部，目標鎖定非國際五大唱片公司，想要將這些公司旗下所有好音樂，大張旗鼓做一整合。

早期我們曾經希望和國際五大唱片公司合作；但是，人家理都不理我們。即使想盡辦法，終於接觸到了內部的窗口，對方的條件卻苛得要命，如果按照他們的條件，我們一毛錢也賺不到。更因為這五家國際唱片公司互相競爭，各有各的立場，彼此拒絕合作出版，根本不符合我們企圖整合的需求。

但是，董事長認為世界上不只有這五家唱片公司，於是改變策略：「不必依賴五大，跨出腳步，走向世界。」從此金革全面參與世界音樂大展，不管是德國科隆或是法國坎城，董事長都親身參與，一家一家接觸，一家一家洽談，甚至約定時間，搭飛機直飛到對方的公司拜訪。

在一九九二年一年之內，董事長帶領著製作部門，一共跑了十幾個國家，拜訪兩百多家唱片公司，和其中的二十一家簽約。第二年出版了「環遊世界」十二張一套的CD，第三年出版了「歐洲情歌故事」……

「環遊世界」一上市，就賣了兩萬多套，超過八千萬的營業額。我更加確定，好東西真是不怕沒人要。「歐洲情歌故事」更是賣了超過十年的時間。一次又一次，金革用這樣的想法和做法，建構新版圖。

企業文化是流行，不是口號

在二十一世紀競爭激烈的工商社會裡，每個企業都必須傾全力，才能在一場又一場的競賽裡不被擊倒。而每家公司都有自己的階段性目標，當企業內的人員努力完成一個階段性目標時，人們總會自然而然地鬆懈下來。多數的企業也會想盡一切辦法，激勵員工投入下一階段的努力。

不管企業下了多少功夫，所有的激勵都只能發揮短暫效果。唯有建立優質的企業文化，才能讓企業永續經營，也才能讓員工主動迎接一次又一次新階段的挑戰。

我如何在公司推動企業文化？大部分人都把企業文化當成教條式的口號，而無法眞正推動與執行。問題出在：這些理念是否可以變成一種流行？只要是流行趨勢，就沒有推動與執行的問題，因爲從上到下每個人都會跟著流行走。

眞正困難的部分是：如何讓這些理念變成流行？領導者是否有恆心和決心，一次又一次，不斷重複地運用各種技巧去執行、推動，讓這些理念變成流行？這才是關鍵。

二十幾年前，有一天我到萬里國小推銷，一進校門就看見一位戴著斗笠、穿著汗衫、捲著褲管、赤著腳、拿著鋤頭在花圃裡種花的中年人。當時我沒有理他，直接走進教師辦公室，對著老師們推銷我的產品。沒多久，就下課了。

下課鐘聲響起的同時，只看到所有老師都往外衝，連正在聽我介紹的老師也不例外。當時我也就不由自主地跟著那些老師衝了出去。我走出門外的那一剎那，被眼前的景象嚇了一跳，我看見全校所有學生，都擠在操場上打球、踢毽子、跳繩……每個人都笑呵呵地和老師玩成一片。

我走進校長室時更是驚訝，原來，剛才進校門看見的那位中年人就是校長。除此之外，我還看見一群小朋友衝進校長室，拿了各種運動器具就往外跑。

多年後，我依然在電視、報紙上，看到這所學校繼續贏得各種校際競賽。這眞是不可思議的學校，完全建立起自己的文化，全校隨時都動起來，創造了良好的流行。

等到我開始經營事業，始終清楚記得當日所見，努力奉行，建立企業文化，要帶頭全公司動起來，一起參與所有計畫。而我也實際感受到，整家公司所展現的活力、所帶來的效應。

許多企業領導人都有一種錯誤的認知，以為除非有業績進帳，否則所做的事對企業是沒有意義的。然而，優質的企業文化卻來自不斷的活動。企業領導人必須了解，沒有讓員工共同參與的活動，就不可能賦予員工良好的互動和活力，部門交流、聚餐、旅遊，各種競賽……都是建構企業文化的活水。而企業對外的活動，更有巨大的力量。優質的企業文化，不僅能夠推動企業繼續成長，更是員工認同和優越感的根源。

一九九七年，在金革唱片和太平洋崇光文教基金會合辦的歲末感恩音樂會中，金革動員全省一百四十位員工參與義賣活動，全體同仁全力付出、賣力表演，介紹原住民文化、義賣海報和CD，湊足了阿美族奇美部落和布農族知本部落兩年的教育經費。從早上九點工作到晚上十點，全場沒人喊累，只有更團結、更開心。建立了優質的企業文化，不但各部門人員會認真投入，也能感染其他部門的人，讓他們樂意支援。

企業要永續經營，就要不斷宣揚理念，永遠不能停下來；人員更要追逐目標，時時動起來。

第一屆台北國際唱片影音大展

二〇〇三年，我受到台北國際唱片協會會員們的推舉，擔任協會理事長，每個月定期開會兩次。協會的主要工作是促進同業會員合作，主辦、規劃法國坎城國際唱片大展的台灣館，幫會員爭取更多權益。

有幾次會議結束後，會員聊到每年前往法國，參加坎城國際唱片展的心得和感受。大家一致認爲，台灣應該也要有類似坎城國際唱片展、有文化內容和質感的展覽，當場就有幾位會員慫恿我主辦一場優質展覽。我當然知道那是一份吃力不討好的苦差事，就順勢轉移話題。

沒想到，這個談話延續了幾次，有次大會時，留聲唱片的周老闆提出，台北國際唱片協會應該舉辦一場有內容的國際大展，好刺激唱片市場。他還提出了很多構想，會員們一致認同，開始熱烈討論。於是，我們正式在會議中，針對是否主辦唱片大展，做了更深的討論，包括韻順、風潮、極光、響韻、38度C、瑪雅、音橋、瑋秦……大家共同決議，要轟轟烈烈地辦一次優質展覽。在這種情勢下，我想不辦也不行了。

辦展覽，第一就是要錢，第二要經驗。偏偏協會不但沒錢，也沒人具備主辦展覽的經驗。在會議決議之後，我除了帶著鋼盔往前衝，別無選擇。

我的個性一向是既然要做，就要立即行動，途中碰到困難，就一個一個解決。於是，我開始著手規劃和推動。沒想到要會員們報名繳費時，大家開始避不見面，尤其當時第一個提出建議的周老闆，一再拒接我的電話。有一天好不容易聯絡上了，他也直接告訴我，他不會參展。

我說：「爲什麼不參加？這個活動當初還是你提出的，你比誰都更應該共襄盛舉。何況你擁有唱片業最資深的經驗，協會在這個時候很需要你！」

他答：「市場不景氣，消費者要選購唱片，去一趟玫瑰、大衆、法雅客……就什麼都看得到了，誰要花錢買票看展呢？我就是看壞這個展。」

對於展覽，我原本只是抱著應付了事的心態，但這通電話卻完全打醒了我，使命感和鬥志立刻湧現——愈不景氣、愈困難，我愈是要成功舉辦展覽。

領導公司，更要推動同業

我開始密集召開會員大會，對會員說：「我們雖然沒有辦展覽的經驗，但各位都是創業家，每年在國際上看遍更大、更有質感的大展，見多識廣。我相信大家一起努力，一定可以呈現給國人不一樣的面貌。爲了讓大家安心，我個人承諾，展覽若失敗，一百萬元以內的虧損，由我全額負擔；超過一百萬元的部分，再由協會承受。但是，在還沒開辦之前，我要求每個會員表示主辦誠意，每家公司先繳十萬元，我則先繳二十萬元，做爲承擔後果的準備。所有經費都交由38度C的蔡小姐統籌管理。活動若賺錢，除我之外，所有會員共享利潤的百分比。」

在我的大力推動下，大家陸續展現誠意。募集到經費之後，我們邀請公關公司一起開會，決定展覽內容、分配會員工作、承租環亞假日大飯店的七十五個房間……接著會員們分頭進行招展，無奈日子一天一天過去，除了協會會員，幾乎無人報名。爲了推動報名熱潮，我認爲先邀五大唱片公司參展最重要，因爲他們擁有最多的音樂內容和藝人，也有足夠的號召力，只要他們願意報名參加，一定可以讓展覽更熱絡。

我親自打電話給五大唱片公司：環球、SONY、華納、EMI、BMG，無奈他們聽了說明，都興趣缺缺。BMG唱片的主管告訴我：「老大參加，我們才參加。」

我問他：「老大是誰？」

他說是SONY，我一聽，立刻打電話到SONY辦公室，想約崔震東總經理見面。我和他素昧平生，不得其門而入，怎麼也聯絡不上他。剛好我有個朋友在SONY上班，我請他直接到總經理祕書的辦公室，在總經理的行事曆上，找個空檔寫下我的名字。第二天，我就直接前往拜訪崔先生。

一切非常順利，我對他簡單說明了展覽活動，他很誠懇地說，這個活動很有意義，他一定會支持，接著說SONY要三個房間，而且已經選好位置了。但是，他的要求並不合乎協會規定。我只好坦白告訴他，很感謝他的支持，他將是這個活動的最大支柱，但公平起見，我們協會規定大家都報完名之後，再統一抽籤選位。

他說SONY是大公司，有很多展示的商品（display），換了位置就不適合了！

幾經討論和說明，他還是很堅持，非得先選位不可。

爲了先說服這個「老大」參加，我說：「崔總，協會沒有人享有這個特權，但你熱誠支持的態度讓我很感動，我個人在未經大家同意之前，破例承諾讓你先選位。希望大家共同努力，辦一場成功的展覽。」崔總經理聽完，滿意地簽下大名，並交代一位業務經理處理後續事宜，我也愉快地跟他握手說再見。

回到公司，我告訴夥伴今天的進展，大家一聽到SONY訂了三個房間，又是大叫又是拍手，興奮無比！萬萬沒想到的是，更大的失望才正開始。爲了怕SONY反悔，我要求公司小姐打電話請他們匯款繳報名費，小姐天天打電話，經過幾天始終沒有消息，最後他們乾脆告訴小姐，他們決定不參加了！

這個青天霹靂的消息，讓我決定再度親自拜訪崔總經理。結果，連打幾次電話都找不到人，接電話的小姐不是說他正在忙，就是說在開會或人不在……我等不下去，就貿然直接前往，終於從接待小姐的口中得知，他們有人手的困難。原來他們計劃讓電器部門參展，只提供音樂產品在展場陳列就好。但是電器部門不願意參展，他們也沒辦法。

我當機立斷，表示若他們欠缺人手，我可以幫忙找工讀生。只要SONY有任何困難，我都會全力協助解決。我講了一個多鐘頭，無論展現多大的誠意，對方始終搖頭，崔總經理也避不見面，實在說不下去了，我只好搭電梯下樓離開。

當我出了電梯，走出大樓，忽然間整個人的戰鬥力全來了！我在心裡堅定地告訴自己：「好！我陳建育，就再做一次推銷員，區區七十幾個房間，怎麼可能難得倒我？」

進了公司，我把業務經理劉景偉和業務主任黃大鳴找進辦公室，組成一個三人開發團隊。我告訴他們，這次招展只許成功不許失敗，別的會員在這上面幫不上忙，我們分頭開發，所有和唱片相關的產業，全都一家一家去拜訪，我帶頭，你們也不要落後！

見面才是合作的開始

當我把唱片相關產業做了整理和分配，開始打電話時，我發現大家在電話裡聽我說明目的後，輕易就拒絕了。於是，我換了一個更積極的方式，對方老闆只要接了電話，我就說：「你好，我是唱片協會理事長陳建育，五分鐘後到貴公司拜訪，只有好事，沒有壞事，你等我一下，待會見！」就這樣一家又一家，無論白天或晚上，電話一打完，我立刻坐上計程車前往拜訪。不到一個月的時間，七十幾個房間全部「賣完」。

活動招展期間，我同時動員公司夥伴一起幫忙，協助進行展覽現場規劃、布置、媒體宣傳、尋找贊助單位。我寫了展覽計畫書，前理事長韻順唱片老闆王輝峰和我一起去拜訪新聞局、文建會和台北市政府，爭取到新聞局補助八十萬元、北市政府文化局十五萬元、文建會十萬元。我們沿路過關斬將，協會會員和金革夥伴們個個不亦樂乎！

在展覽活動中，我們加入了很多唱片文化、留聲機的演變資料、世界唱片全紀錄等深度內容；38度C的蔡老闆，運用她良好的客戶關係，借來許多古董機器和唱片；其他會員們也群策群力，每家公司都提供藝人，在環亞假日大飯店大廳的咖啡廳裡，每天現場演出，包括帶來龍笛演奏的加拿大音樂家雷恩・寇伯（Ron Korb）、二胡美女王曉嵐、鋼琴家陳瑞斌、大提琴家陳建安、雙簧管音樂家干詠穎、藝人張洪量、阮丹青等表演，現場並舉辦小提琴自製教學、摸彩……等活動，讓整個展覽豐富而溫馨。

爲了增加媒體曝光率，我親自前往邀請當時的台北市市長馬英九、新聞局局長黃輝珍和舞蹈大師林懷民、音樂家李泰祥，共同於開幕記者會剪綵，此舉果然招來大批媒體。

展覽活動，更讓我見識到時任市長的馬英九其媒體光環。一早馬市長未到，假日飯店已經擠滿了媒體、攝影機……馬市長一進飯店，一群攝影記者就扛著攝影機，站在他前面，馬市長走一步，記者退一步，無論如何就是不想遺漏任何一個鏡頭。

這也讓我感到悲哀，台灣的政治人物占盡媒體資源，文化活動的記者會卻往往只有小貓兩三隻，難怪台灣文化活動不夠熱絡，音樂人總是苦哈哈。

推銷大家，才能推銷自己

爲了大力宣傳，當時有個極有意思的推銷體驗。公關人員安排我上警察廣播電台，接受節目主持人訪談。我刻意提早二十分鐘抵達，到了電台辦公室，我跟現場工作人員一個一個交換名片，向其他節目主持人毛遂自薦，請他們也訪問我。我一個一個推銷，希望他們一起來幫忙宣傳台灣文化最有意義的活動。

有些主持人告訴我，他節目內容都已經排滿了，不能更改。我隨機應變，說若無法長時間專訪，電話Call out五分鐘也好，主要是大家一起參與文化建設和推廣。電台主持人都很友善，禁不起我一再推銷，就陸續幫我排入節目內容。

展覽期間，我不但白天上電台，連半夜也不放過。有個主持人告訴我：「陳理事長，我們電台規定，同一個人不能在同一段時間，上三個以上不同的節目。我看你幾乎每個節目都上了！」

展覽第四天是星期日，天氣惡劣，狂風暴雨。一大早大家都在擔心，會不會沒人來看展。沒想到展覽時間還沒到，飯店門口已經大排長龍，許多愛音樂的計程車司機在聽了警廣的節目後，排滿了整條敦化北路，熱鬧滾滾，盛況空前。更不可思議的是，司機們買音樂，一點也不手軟。

推銷力量何其大！主辦這個活動，不但讓我和外界有了更多、更廣的接觸，也讓我看到金革夥伴的活動力。企業文化透過活動不斷向外延伸，帶給員工更大的自信和熱情，團隊的力量自然也更加凝聚。

經營者必須帶頭讓企業動起來

經過二十年時間，不但人會成長，公司也在成長。從賣書的一個小單位，到現在變成一家股票上櫃的公司；從代理別人的產品，到擁有自己傲人的產品；從一個單純的銷售業，蛻變成結合銷售和出版的企業體。金革的轉型十分成功，每天都可以在電視各台，看到節目使用金革音樂，這一切說明了金革在市場上有其舉足輕重的分量。

不管經營的是什麼事業，經營者都必須帶頭讓企業動起來，也必須放手交棒下去，才能持續與人一爭長短。

第14章

少年耶，衝啦！

一個人能有成就總在三十歲以後，

但成就的原因，多半取決於年輕時企圖成就自己的態度。

可別小看剛出社會那幾年，那是培養成功習慣最重要的年齡！錯過那個時間點，即使到了五、六十歲，擁有更多人脈、金錢，也不見得會成功。因為在沒有養成良好習慣的同時，你可能已經養成了許多足以阻礙你成長的壞習慣。

從小我就熱愛朋友，讀高一時，就開始到處打工，更擴大了我交友的範圍。這段經歷當然永難磨滅，午夜夢迴，時時會想起當時吃苦耐勞、賣命工作的情景。因此，自然而然就會把自己的經驗和個性，投射在經營理念上，形成公司的風格。

珍惜工作，再來上班

經營公司時，常常碰到許多新人動不動就把「大不了不幹了」這句話掛在嘴巴上。相較於我出社會時的埋頭苦幹，眞是天壤之別。當時我知道自己條件差，只能選擇比別人付出更多，來換取機會。別人是隨時可以丟棄工作，而我卻是把工作抱得緊緊的！

以我的了解，只有家境不好的人，才會珍惜工作，願意不顧一切地努力賺錢。在金革，有一句名言：「不珍惜工作的人，不要到金革上班。」從事業務工作的過程中，必定會遭遇許多困難和挑戰；業務員之所以成長快速，也都是因爲這些困難和挑戰。一個不願意珍惜工作的人，如何能執行並完成公司託付的任務，得到個人的成長呢？

在社會上工作了幾十年，比較過去的工讀情形，我還發現一個祕密。我最認眞、耐操的時候，不是出社會以後，而是高中打工的時候。工讀生體力好，不敢要求，不但可塑性大，有潛力，配合度高，好溝通，也最能投入。但是，我想不通的是，爲什麼社會上普遍都給工讀生最低的待遇？其實，他們工作的效率比出社會的人高，只要給予適度的引導，工作的態度也會比出社會的人更敬業。

我一直很在意這一點，於是，金革的工讀生待遇經常比出社會的人高。而這個做法，讓他們很有成就感，表現也很驚人。當然有人會說，他們只是年紀很小的工讀生，怎麼可以拿那麼多薪酬？但是，如果我們實際比較他們工作的高素質、學習速度和高效率，其實他們拿得一點也不多！

敢做才會創造可能

工讀生的敬業，是令人難想像的。

三十年前，我在高雄有個「金牌推銷員」，叫做陳咸熙。他是淡江大學的學生，公司裡人人都喜歡他，暱稱他「稀飯」，因爲他的脾氣很好，任何人有困難，都願意幫忙。

當時他是公司少數有摩托車的同事，敬業態度良好、推銷功夫一流，每天都會做到公司前三名的成績。但他除了做好本分內的工作，還會幫每個沒有摩托車的同事送貨。只要有他在，公司裡就笑聲不斷，氣氛和樂。

那時有幾個同事，每天下班回公司前，都會順便在隔壁的建設公司推銷。隔壁整家公司十幾個人都買了，就剩下一個女職員，不管誰去，她都態度冷淡，強硬拒絕。大家起鬨說，如果有人能成功說服那個女職員購買產品，要我發獎金，我說：「好！誰能賣出去，我就給獎金三百元。」

第二天下午四點，「稀飯」眞的跑到隔壁去，在裡面待到五點多，那女孩都要下班了還沒成交。

有幾個同事躲在門口偷看，傳話回來說「稀飯」已經跪下去了，還叫對方「媽媽」，搞得隔壁辦公室笑聲不斷。五點半他出來時，手上帶著收到的錢，全公司頓時歡聲雷動！

多年後，陳咸熙和他的朋友陳漢清，創立了廣宇和建漢兩家上市電子公司。

用正面思考戰勝身體殘缺

一九八二年夏天，公司照例應徵工讀生。有一天忽然出現一個拄著兩根拐杖、患有嚴重小兒麻痺症的學生來應徵，他是中原大學的梁龍驥。我直覺認爲他不適合，在跟他說明的時候，便刻意誇大工作的難度，希望他自動打退堂鼓。我告訴他，爲了推銷，我們的每個工讀生每天都必須攜帶很多沉重的產品，挨家挨戶拜訪，而且還要爬很多樓梯，走很多路。

梁龍驥用堅定的眼神看著我，問：「請問你是經理嗎？」

我回答：「是。」

他又說：「能不能請經理讓我拿拿看產品？」

我請公司小姐拿了幾套最重的產品給他，他站起來，提著產品走了幾步，然後堅定地告訴我：「我可以！經理願意用我嗎？」我當然無法拒絕。

幾天後，梁龍驥每天都做出公司最高的業績。有一天，我請他跟全公司分享，他如何創造高成績。

他站到台上，對著大家說：「我猜，所有同事，包括經理，大家都會想，還不就是因為我得了小兒痲痺症，顧客看我走路拄著兩根拐杖，心生同情才跟我購買的。但我要告訴大家，如果在拜訪的時候，我意識到有顧客因為可憐我而購買，我會拒絕銷售，立刻離開。我是在每一條大路、每一個小巷，從路頭走到路尾；是在每一棟大樓、每一間公寓，從最上層走到最下層、從一樓走到四樓，一家一家被趕、一家一家不停拜訪，才做出這些業績的！雖然我身體有殘缺，但我心理很健康，如果大家也能有一樣的工作精神，以大家的身體優勢，一定會做得比我更好！」

當天全公司同事都紅著眼眶出門，公司的業績也飆到最高點。

就算挨打，也要推銷

二十年前，金革有個業務員叫劉景偉，他是香港人，國語說得很不標準。他剛到公司打工的時候，用「搏命」兩字才足以形容他追逐業績的狂熱。

有一次，他到《台灣新生報》推銷。那天下著雨，報社大樓的前門警衛不讓他進去，他就騎著摩托車繞到後面，從後門進去。一開始非常順利，賣了好幾套音樂帶。但沒多久就讓警衛發現了，非把他趕走不可。

那幢大樓還有其他辦公單位，沒有走完一遍，他絕對不會死心！他在警衛監看下假裝乖乖離開，隨後故技重施，又從後門進了大樓。不久又被發現了，這次來了三個警衛，硬把他拖到後門，非得看著他騎上摩托車遠離不可。

他穿雨衣的時候，咕噥了一句牢騷。本來他的國語若沒仔細聽，根本就沒人聽得懂，這次聲音又含在嘴裡，更讓人一頭霧水了。有個警衛大概以為他在罵人，不由分說，又把他拖回來，三個人聯合起來要「扁」他。他被硬推進一間小辦公室，其中一個警衛從背後打了他幾拳，這下可激起了他的好勝心，心裡的念頭是：「你們不讓我賣，我就偏要賣不可，而且還要從你們身上開始。」

挨完了揍，他對著那三個警衛說：「你們打也打過了，罵也罵過了，音樂總要聽一聽吧！」他也不由分說，就把試聽機的耳機掛到一個警衛頭上，然後拿出產品介紹書，對著另外兩個警衛推銷。

他這突如其來的反應，讓那三個警衛全都愣住了。結果訂單不但成交，先動手的那個警衛還告訴他說：「你以後來這裡，不要自己亂跑，這樣我們很難對上面交代。你可以先來找我們，我們找個地方讓你擺攤子。」

沒有打不進去的市場

一九九一年夏天，金革來了一個銘傳的小女生韓慧娟，外表文靜，但完成工作的企圖心極強。

有一天，她聽說有一個保警大隊訓練中心，裡面全是年輕的警察，應該會對音樂有興趣，她就想辦法去推銷。第一天出師不利，被管理單位發現，把她趕出訓練營區。保警大隊原本就已經門戶森嚴，再加上高層的警告，門口的守衛更不讓她進去！

爲了達成目的，第二天，她居然女扮男裝，在營區外面攔下一部貨車，拜託司機帶她進去。司機拒絕不了她的再三請求，只好讓她上車。她進了營區，請司機在廁所附近停車，她見四下無人，翻滾下車，匍匐前進。最後，在廁所旁的大樹下，開始拉人推銷。年輕警察對她很佩服，紛紛介紹隊員來跟她買音樂。連續兩個星期，她以同樣的方式，一個大隊換過一個大隊，創下極高的業績，最後還和一群警察合照留念。

這些不勝枚舉的成功推銷故事，印證了工讀生具備這種絕不死心的推銷熱誠。若換成了成年人，有可能會放下身段無視外界眼光嗎？

沒有工讀生，就沒有今天的金革

也許是因爲看到太多工讀生優秀的表現，我一直盡力讓金革的工讀生拿到最多薪水。如果有哪位工讀生回到學校，聽說有人在別的地方賺得比他多，讓我知道了，一定想辦法讓他賺得更多。當年在金革，一個做得還可以的工讀生，通常一個暑假可以領到十萬元。我身邊的幾個重要工讀幹部，都領過一個暑假七十萬元薪水（工作期間是六月二十到九月十日）。

工讀生在金革賺很多錢，好像是我給他們機會，其實，我從他們身上得到更多，他們帶給我更多機會。他們很喜歡聚在一起討論，我也很喜歡這樣，因爲有很多競賽方式，都是他們告訴我的；還有很多產品，也是他們建議的。從他們身上，我學到很多，也獲得很多快樂。

嚴格說來，公司的成長，工讀生的功勞不可磨滅；沒有他們，就沒有今天的金革。因此，我從不把工讀生當一般員工看待，而是把他們當朋友、當家人。不但在公事上一切公開透明，就連私生活也攪和在一起。

每年寒暑假，我家就是員工宿舍，一個四十坪的房子，往往十幾、二十個人擠著住進來。平常累了一天回到家，大家搶著洗澡，然後出來聊天。我總在睡前要大家一起聽首西洋老歌，再關燈睡覺。因爲只有一首，大家很珍惜這幾分鐘的聽歌時間，一改平日活潑的模樣，都安靜聆聽。那時候，我太太還爲大家整理房間兼洗衣服，我們夫妻倆照顧這些大孩子，快樂多過於辛苦，甘之如飴。

露營王子和禁衛軍

有不少員工私底下形容我爲「露營王子」，因爲我太喜歡露營，又喜歡和他們在一起，動不動就吆喝一起去露營。

但是，人多，問題就多。有一年，我帶了一百多個工讀生，去金山夜遊、露營。大家走了很長一段路，途中好不容易看到一家雜貨店，一群人就衝進去買吃的、喝的。

由於人太多，聲音很吵，有幾個在旁邊小麵攤喝酒的地痞，看我們不順眼。偏偏在這個時候，有個女同學，也許是走累了，靠在一部全新的野狼機車上休息，一不小心車子就倒了，機車兩旁的方向燈應聲而破。

幾個地痞立刻站起來，大罵三字經：「幹××！台北來的嗎？人多就囂張喔！」

我趕緊衝到前面，跟他們道歉：「對不起，我們走路走累了，不小心吵到你們，還把車燈撞壞了，修理費要多少錢，我賠你們。」

一個地痞很兇地說：「好啊，你賠啊，要跟原來的車燈一模一樣！」

我知道他們故意找麻煩，就說：「眞的對不起，請不要生氣。我小時候也是金山人，鐵釘是我拜把大哥（他是我高中同學的大哥，我知道他在混黑道，是當地的大地痞）。大家都是自己人，不要爲難我們。這些學生難得出來旅行，都很乖的。」

對方聽了，忽然不再生氣，說：「既然都是自己人，那就算了，也不必賠了，以後小心點！」

才結束驚險的一幕，過不到幾分鐘，一部計程車發瘋似地從我們的行進隊伍旁奔馳而過，差一點撞倒我們。一個同學在驚嚇之餘罵出三字經，沒想到計程車立刻快速倒車回來，滿身酒味的司機拿了一把扁鑽下車，對著我們吼：「哪一個罵的？出來！」我趕快又上前連聲道歉。這次露營，就在驚險中安然度過。

還有一次，全公司去墾丁度假。我原本計劃要在其中一個下午，全體開吉普車和騎機車，暢遊整個墾丁和鵝鑾鼻。剛好早餐吃完，就有一個婦人到飯店推銷吉普車和機車出租，我先付了五百元，請曾文正和陳信樺帶著幾個工讀生去選車。

沒多久，曾文正打電話來說，這家店的車很爛，看起來像娃娃車，問我要租嗎？我說，如果不滿意就換一家。隔沒多久，又有同學打電話來說，要打架了，叫我快過去！

到了現場，一群在地的青年衝過來說：「哪個人那麼囂張？居然敢罵我們的車子是娃娃車！」幾個年輕的孩子隨即蹲下去拿刀棍。

曾文正和陳信樺見狀，立刻擋到我面前。我怕他們受傷，馬上喝叱：「幹什麼！我正在處理事情，全部退到後面去。」我規定所有金革的人都退到幾公尺後。

我確認大家都退到安全距離之後，便跟對方打招呼：「孩子們只是一句玩笑話，不要當眞！他們講錯話，我跟你們道歉！不要生氣，我們還要玩好幾天，一定會來捧場的。但是現在開始下雨，今天大概玩不成了，訂金五百元就當賠罪好了！」我話說完，就伸出手要跟對方的老大握手。

這時對方忽然改變態度，老大用台語說：「你這個大仔做得起，我欣賞，我就交你這個朋友！」而且因爲剛好下起大雨，他還派車子送我們回凱薩大飯店。

主管帶領一大群人出去玩，除了要想辦法讓大家玩得開心，還要負責讓每個人都安全地回到家裡。身為領導，如果在緊要關頭不能冷靜、低頭，沒有危機處理的能力，又如何讓部屬堅定而放心的跟隨？

高動力來自好點子

金革經常舉辦各種業績競賽，雖然競賽為公司帶來高業績和高壓力，所有業務員不但不害怕，還充滿期待，這都要歸功於公司的點子王池恩，他將競賽設計得很有趣。

池恩是棒球迷，大學時也是輔大的棒球隊員，他把職棒龍、獅、虎、象四隊的比賽規則，運用在公司的分組競賽上。

首先，他將業績的數字分級成「犧牲打」、「保送」、「一壘安打」、「二壘安打」、「三壘安打」、「全壘打」……然後，各組隊長在業務員出門前要先排棒，每天每一隊對打比積分。業務員很喜歡這樣的比賽，每個人都想揮出全壘打，讓自己的隊伍得分，相當投入，因此每次比賽總是陷入拉鋸戰。許多顧客也了解我們公司的比賽規則，經常主動關心各隊比數，還幫忙拉客，公司業績因此衝出高於平日好幾倍的佳績。

說到排行榜的設計，就更精彩了！台灣的股票熱已經持續多年，池恩巧妙地把每個業務員的名字變成各支股票。然後，在公司內部豎起一個大看板，每天公布「股市指數」。隨著業務員業績的高低起伏，榜上排名總是變化迭起。

每天早上八點半，早會進行到後半段，池恩就會宣布當日的「股市行情」，趣味橫生，讓大家笑到肚子痛：

「王哥哥大腸麵線，昨天因爲加了新鮮大腸，又專程從屏東引進最新鮮的大蚵仔，口味大改變，顧客大排隊，創下業績八萬五千元，漲停板！宗婷褲襪則推出肉感洞洞襪，穿起來舒服又性感，引起顧客大搶購，昨天創下六萬七千元業績，漲停板。阿達牛肉麵爲節省成本，採用病死牛，遭到顧客大退貨，還被扭送警察局，業績掛零，非常遺憾今天是跌停板。至於范令玲這個范悶悶檳榔攤，因爲昨天感冒，全身包成大粽子，沒有顧客願意上門，只有她爸爸買了三千八，業績跌停板……」

每天，池恩都會替每個業務員換個名字，大家都期待聽到自己今天又變成什麼，誰也不想讓自己變成跌停板被糗。

經過池恩的點子「加持」，往往比賽還沒開始，大家就充滿期待，當然業績數字也跟著往上狂飆。

在金革，天天都是壓力，但也天天都是快樂。工讀生在外面努力，回到公司每一分鐘都盡情歡笑。夥伴之間的感情好得不得了，任誰也忘不了在金革工作的時光。

池恩又發明「破萬操」——只要業務員業績破萬，一進公司就要大喊：「破萬！」

這一喊，其他在公司裡的同事，不論男男女女，全都要衝上前圍成一圈，一邊對著他做「破萬操」，一邊大聲唸著：「破萬！破萬！超厲害！」

這個「破萬操」已經變成金革的流行，流行的結果也促使破萬成了業務的基本標準。在金革打工的工讀生，人人業績都可以破萬。相較於外面許多商店，很多高級店面一天業績也破不了萬。在這樣良性的循環之下，單日個人業績從三萬、五萬、八萬、十萬、十五萬……業績的數字和紀錄一天一天往上推！

娘子軍溫柔力量大

但不管點子再好，若少了金革那群溫柔、美麗又熱情的內勤娘子軍，給大家貼心的鼓勵、服務和照顧，也無法創造出美好的一切。

金革的娘子軍，除了最早的陳淑伶，其他都是從推銷工作轉調內勤的招待和會計。她們有個共同的特色——每個人都親和力十足，頭腦清楚，也都是標準的好媽媽。

第一任娘子軍湯玉琦，長得漂亮大方，人又熱情親切，歌聲一流。有一年寒假來金革工作，開學後就到錢櫃ＫＴＶ當領檯。到了暑假，我把她找回來，負責招待和管理業務員的領退貨。那時候，每個來應徵的同學都很緊張，也抱著懷疑的眼光看一切。但湯玉琦總是自然親切，和他們有說有笑。工讀生拿著報紙一家一家去應徵，最後選的當然是金革。

往後林炯伶、陳麗淑、陳玉萍、陳清淑、嚴慧貞、黃慧珍、蘇修儀、湯雅雯、陳嘉祺……每個人都延續這樣的態度，招呼每個踏進公司的人。除了招待新人，在業務工讀期間，她們更以最溫柔的態度對待所有工讀生，讓大家感覺彼此就像家人一般。

我每天都讓她們一起參加早會，討論業務推動的計畫和活動，並且分配需要輔導和鼓勵的業務員給她們，她們個個表現稱職，超乎想像。

這些娘子軍對所有金革的活動都熱情參與，自公司裡、在電話上，不斷爲業務員加油打氣，給予最溫柔的支持。業務員每天在外面奔波，一有好成績，就會高興地打電話回來分享，聽她們的笑聲和喝采。做不好的時候，也會打電話回公司，聽她們的鼓勵，才更有力氣和鬥志再繼續努力。每次回公司，一宣布破萬，第一個衝上去做「破萬操」的，也是這群娘子軍。

每天晚上，她們輪流展現手藝，準備各式晚餐，不論滷肉飯、炒麵、稀飯、苦瓜排骨湯……都是她們的拿手好菜，總是讓業務員工作完之後，不會餓到肚子，還能享受美食，每個人都得到最好的照顧。

她們每個人也都分配到各組參加競賽，每天業務員要出門時，她們就送業務員到門口，爲他們擊掌加油。下大雨的時候，娘子軍們在業務員快要回來時，就開始準備吹風機和衣服，並煮好薑湯。當業務員在外面淋到雨，一進公司，立刻有人拿出吹風機，讓他們把頭髮吹乾；衣服溼了，也立刻奉上新衣服，再端上一碗熱騰騰的薑湯。在這樣的公司裡，員工的感情和戰鬥力怎能不堅強。

有她們的配合、參與和帶動，公司才能辦活動、推競賽，樣樣都順利。她們個人沒有業績，但她們推動公司整體業績的成長，貢獻難以計數！

娘子軍的用心和體貼，導致許多業務員把她們當成至親的家人，在她們面前沒有祕密，許多家裡的事、工作上的困難，都會毫不保留地與她們分享。也因爲如此，我更能了解員工的需求，在必要時提出協助。

娘子軍個個愛公司，每天即使工作到很晚，還是會把辦公室整理得乾乾淨淨，讓每個業務夥伴都有舒服的工作環境。我印象最深刻是主辦會計林炯伶，有一年暑假，因爲工作量很大，爲省下花在交通上的時間，幾個幹部一起住在公司，鋪紙板當床，睡在地上。有天晚上十點多，會計林炯伶剛結完帳，忽然興奮地說：「終於有時間了！」我問她：「有時間要做什麼？」她說要上樓到業務部洗廁所、馬桶，她想做這件事已經好幾天了，卻一直撥不出時間。

金革任何一個娘子軍發揮的影響力，比一個高業績的業務人員更有價值、更重要！

第15章

打敗聰明人的傻瓜祕笈

只有傻瓜，看周圍處處是寶；
只有傻瓜，人人喜愛；
只有傻瓜，認為別人比他重要；
也只有傻瓜能不計較地付出；
最後得到最多、最開心的，當然也是傻瓜。

許多人都以爲業務工作很困難，但就我個人幾十年的工作經驗來看，比起當經理、總經理、董事長、理事長，甚至一個小小的搬運工人，業務員是最簡單、最容易有成就感、也最容易賺到錢的工作。

也許有人認爲自己沒有好口才，個性內向，不適合業務工作。但我很清楚這份工作所需要的能力，完全和大家想的不同。

確實，平常交際、應對進退時，如果沒有好口才，常會不知如何發表談話，因爲單是要想出談話的主題和內容，對許多人已是一大困難，何況是要自然風趣地表達出來。以我爲例，滿口的台灣國語，許多音怎麼練也發不標準，我的兩個小孩聽我講話時，經常強忍著笑，故意要我重講某幾個字，然後放聲大笑。女兒曾試著教我修正口音，但我怎麼修也不對，每當這個時候，她就得意地叫我「笨爸」！

但是推銷很簡單，因爲業務員有產品，有清楚的銷售目的；到了顧客面前，我們要進行的談話，主題也很明確，就是介紹產品；而談話的內容，我們還可以在公司、在家裡預做練習，顧客會提出的問題也千篇一律，差異不會太大。這樣的工作，幾乎每天都有固定的結果——有人會買，有人不會買。業務員只要繼續工作，不間斷地努力，再笨的人也會變得熟練和自然。成交率自然會提升，買的人會愈來愈多，累積了許多顧客之後，繼續提供好服務，想做不好也難。

再舉我個人做例子，我開車開了二十幾年，連加水、加機油都不知道要加在哪裡；還是個路痴，每次出門沒地圖，我就不知要如何走。從小到大，我沒有一個像樣的手工技藝。在做鐵工的時候，老闆要我電銲一塊鐵板，我銲了半天就是銲不起來，還把整塊鐵板燒破一個大洞。其他年紀比我還小的學徒，幾分鐘就可以銲成。

像我這樣的笨人都可以完成的工作，會有什麼困難呢？如果你自認是一個人生四處碰壁的傻瓜，開始沮喪，想放棄努力了，請先看完我分享的十八則傻瓜祕笈，再做決定。

祕笈1：基礎教育，是一切成長的要素

很多年前，我接受台北之音電台主持人李建復的訪問，談得興起時，他要我回想，從事那麼多年的業務工作，又做出好成績，最重要的因素是什麼？

我不經思考地回答：「自卑感。」

他嚇一跳，從沒聽人講過自卑感會是成功的因素。

我說，我沒有學歷，沒有家庭背景，長得又其貌不揚，講得一口台灣國語，在台北連路都不熟……很多因素讓我沒有自信，對自己很自卑。但也因爲自卑，所以我拚命努力，緊抓機會不放。別人可以隨便換工作，我只怕工作不要我。

所以一得到業務工作的機會，我就非常珍惜。我先到書店去看有什麼跟推銷有關的書，買下來，日以繼夜地讀，分析怎麼做才會變成一流的推銷員。公司給我產品之後，我專心地把產品從頭到尾，看了不知多少遍；我也經常去請教那些表現較優秀的業務

員，請他們跟我解說公司產品的優點；我還去比較同業產品的優缺點……我希望透徹了解所有產品的優點，以便跟顧客做最好的解說。

在外面拜訪客戶，我更是馬不停蹄。經常拜訪了很多客戶，卻沒有成交，即使已經晚上七、八點了，我還是捨不得停下來，因爲我怕萬一下一個拜訪到的客戶就是要買的人，那不是錯失良機嗎？也因爲如此，我有了很多發現和體驗，也得到很多的機會。

我自卑又沒有天分，但在起步的時候，我做了三件重要的事：

一、我向高手學習，許多出了書的成功推銷員和創業家，以及許多已經駕輕就熟的業務同仁，他們給了我很多正確的業務觀念。

二、我用心研究產品，因此在客戶面前可以展現專業，自在而有說服力，自然取得顧客對我的信任。

三、我勤於拜訪、服務，從中發現更多機會。

想做好業務，請先弄清楚這些基礎觀念。

祕笈2：做業務應該像做愛

很多業務員會說，業績壓力眞的很大——每天要是沒業績或業績不好，就要看老闆臉色；要是看到同事業績好，心裡就擔心，月底要統計業績，計算薪水時更是緊張，如果碰上的業務公司，天天都要宣布每個人的業績，那更是要人命……

如果願意調整想法，就會有不一樣的結果。上述情形確實隨處可見，如果把它當成壓力，當然免不了愁眉苦臉，覺得工作好苦；但如果當成每天都有各種新鮮事、各種激發自己潛能的關卡，就像玩電腦遊戲，一關比一關有挑戰，但也更有趣，那麼做業務應該會很新鮮、很刺激、很好玩、很有成就感的。

想想看，每天顧客提出的問題大同小異，但由於經驗和專業的增加，我們會處理得愈來愈好，成交率也會提高。

其實認眞說起來，業務員每天只是做著同樣的事，閱讀、拜訪、服務、記錄，養成良好的工作習慣。雖然每天都會有人拒絕購買，但維持同樣的努力，每天也都會有人購買。如果原本毫無興趣的顧客，在我們誠懇的拜訪和解說下，改變了主意，這個結果更讓人興奮。

透過熱誠服務而讓顧客滿意，有時也會帶來許多意外的業績驚喜──顧客幫我們介紹了更多的顧客！

如果運氣不好，只不過是要加快腳步，延長一下工作時間，一切就搞定了啊！重點是，你究竟是以什麼樣的態度和想法，在面對你的業務工作呢？

我擔任業務員的時候，每天早上開完會一下電梯，總會看到幾個業務同事站在摩托車旁，邊抽菸邊有一搭沒一搭地講話，看起來一臉茫然，不知要往何處去似的。我總是對他們笑一笑，瀟灑地跨上我的摩托車，高歌蔡琴的「出塞曲」，一路狂奔，每唱到「英雄騎馬壯，騎馬榮歸故鄉……」我的心情就一陣亢奮！每天都有越過狂沙，奔向萬里前程的氣勢。

我尤其喜愛下大雨的天氣，當我穿著雨衣、騎上摩托車，強勁的雨點不停打在我臉上，我更感覺自己就像一個即將出征的英雄。我知道許多平日見不到的業務人員，今天都會在辦公室裡等著我的拜訪，而我的神勇也將會得到他們的讚嘆和佩服，我將會凱旋而歸！

我常說，工作需要建立正確的思考邏輯，做業務應該像做愛一樣，當我們約了一個心愛的女人，要去做愛做的事時，會有什麼樣的心情和過程呢？

打從出門一開始，我們就必須充滿期待；到了顧客面前，更要帶著興奮的心情出現。

整個推銷過程，我們盡一切努力，就是要讓對方爽，當對方感覺爽了，點頭認同了，我們也就爽，成交簽訂單，準備拿錢！然後大家會期盼下次再約會，你也會給顧客更多售後服務，顧客會繼續讓你爽，幫你介紹更多的顧客。

祕笈3：勝兵先勝而後求戰

我的公司在博愛路時，有一天一個郵差走進辦公室，一看到我就用台語大聲吼著說：「你是陳建育噢！快點過來簽名，只剩下你了！」

我一頭霧水，這個郵差我又不認識，而且當時我在公司的職位是總經理，一般陌生人來拜訪總是畢恭畢敬的，哪有人像他這樣大聲吆喝？

我正要問他簽什麼名，他繼續說：「你們家的信都是我送的，這是郵政儲蓄保險，一個月才繳一千多元，只剩下你一個，我的責任額就達成了，我看你這大老闆直接簽兩份好了。」就這樣，我莫名其妙地簽了兩份。

簽完，我說：「你眞厲害，郵局還有人像你這麼強嗎？」

他回答說：「哪有可能？他們一年的額度，我三個月不到就完成了！」

這個郵差沒有經過專業訓練，但他表現出來的氣勢、進門的自信，卻是成功業務人員最需要的本事。

一旦做了業務，就不要想太多，天下你的服務最棒，產品你的最好！不管見什麼人，你都必須大大方方，把一切當成理所當然；還沒進門，就當對方必定成交，談話才會自然，也才不會被對方的氣勢給壓倒。

我跑業務時，每天騎著摩托車，一到目的地停下車，我總是興奮地認定：今天這棟大樓，不知又有多少人要變成我的客戶了！然後踏著輕快的腳步，快速走進電梯，展開美好的推銷時光。

祕笈4：促成創造高效率

「Close and Close」很重要，這是絕大多數業務員都知道的故事：

在美國一家保險公司，有個業務員約翰，他已經結婚，有美好的家庭和穩定的收入。他的工作是幫保險經紀人計算他們每個月的獎金。有一天，約翰正算到保險經紀人史帝夫的獎金，被算出來的數字嚇了一跳，史帝夫的薪水居然高達八千多美元，足足是自己每個月一千兩百元薪水的七倍。約翰心想，這傢伙大概是碰到什麼好運，也沒有特別在意。

第二個月，好奇心使然，他自然就特別注意史帝夫的獎金。等他核算完了，更是驚訝，史帝夫的獎金居然高達一萬四千美元，太誇張了！第三個月，他又急著把史帝夫的保單資料拿出來計算，這次的獎金更是不得了，居然超過兩萬美元。

他一面算、一面想，這小子每天穿西裝、打領帶、提著公事包，一副輕鬆自在的模樣，怎麼能賺這麼多？他愈想心裡愈不平衡；又想到，我每個月幫他們算保單紅利，連休息的時間也沒有，薪水卻不到人家的十分之一，如果我也可以賺這麼多，那就可以大幅改善家境了！但也可能史帝夫只是運氣好，其他人也沒有那麼高的所得啊！想了一想，他下定決心：「如果下個月史帝夫還是賺那麼多，我就要轉行做保險經紀人，去賣保險。」

這個月的獎金結算日一到，他急急忙忙地拿出史帝夫的保單來計算，簡直是不可思議，史帝夫的紅利居然高達四萬八千美元！「太過分了，他做一個月，我要做四年！」

想到這裡，他毅然決定轉行，回到家興奮地告訴老婆，又去採購了全套漂亮體面的西裝、領帶和手提箱，準備大幹一場。

沒想到，日子一天一天過去，不管多麼努力，就是賣不出一張保單。老婆開始擔心，他也著急了，想到房子的貸款、孩子們的學費……他開始埋怨，是誰害他放棄原本安定的工作，淪落到如今的處境，一點收入也沒有？

這一天他實在受不了，喝了幾杯威士忌，衝到史帝夫家裡，用力敲門，大聲吼著：「史帝夫出來！」

史帝夫嚇一跳，走出來問他：「什麼事？你爲什麼到我家大聲吼叫？」

他說：「就是因爲你，害我辭掉工作，陷入生活的困境。今天你無論如何都要告訴我，你保險的成績究竟是怎麼做出來的？」

史帝夫聽完他的來意，恍然大悟，請他進去坐。史帝夫先問清楚他是怎麼做保險的，聽完想了很久，冷靜地說：「關鍵在於，隨時準備成交、結束推銷（Close and Close）。每次我在跟顧客談保險的時候，總是隨時準備要結束彼此的談話，適時拿出保單和我的筆，請顧客在保單上簽名。不論我們談到哪裡，我都把筆一次又一次地遞給顧客。」

約翰聽到這裡，眼睛一亮，說：「我懂了。」站起身來，說聲謝謝就走了。從此以後，他搖身一變，成了超級保險經紀人。

但要如何隨時準備好成交訂單（Close）？個中又有多少奧妙呢？這時就得提到我的同事徐燕豪，他進公司不到三個月，業績愈做愈好，在公司裡變成我的頭號對手。

有一天，我在一家醫院碰到他。當時我連續跟幾個醫生和護士推銷，成交速度很慢；偶然回頭看到他，不得了，他居然一個接一個地快速成交！

我很好奇地停下來，在旁邊觀看他怎麼做。原來他每次介紹產品沒多久，只要顧客表示認同，他就會很自然地拿出客戶資料登記簿，把一枝筆交到顧客手上，一面親切地提醒顧客在哪裡簽名，一面不停地讚美顧客：「妳很有內涵，懂得欣賞，怪不得那麼有氣質、漂亮……」說也奇怪，那些顧客好像沒有任何抵抗力似的，一個一個就把名字給簽了上去。

反觀自己，我總是完整介紹書的內容，直到顧客完全認同、喜歡，再談價錢。比起我努力用專業去創造顧客理性的衝動，他則用適度的專業，配上美好的讚美，創造顧客感性的衝動，後者的力量和效率呈倍數增加。

與其每次都只是努力期望顧客跟你說：「Yes！我要買。」那樣的等待太辛苦了，不如主動牽著顧客的手，在訂單上簽下他的大名。

祕笈5：業務高手絕對不會是業務工人

也不記得受到哪本書或哪個人的影響，我非常重視售後服務。而售後服務也爲我的每次推銷，衍生出更大、更長久的效果。

每天我除了認眞拜訪顧客，另一份重要的工作就是，打電話給成交過的顧客。一般業務員喜歡在外面跑完業務，回到辦公室盡情和同事聊天打屁；但我非得打完十幾通電話，才有時間和意願閒聊。

我的電話服務，談話內容很簡單，一方面問候他們，一方面提醒他們哪些內容一定要看。當然如果碰到比較健談的顧客，也會天南地北無所不談。最後我總會留下一句話，書有脫頁或印刷不清楚的，不必客氣，只要打電話，我就會換新的給他們。

好的服務背後，必須有足夠的準備。我得先了解顧客想知道什麼，下過功夫研究之後，透過親切熱情的溝通，就可以讓顧客完全信賴我。周全的服務，會在他們心裡留下一種印象——一切有我就搞定了！經過幾次接觸，他們會完全信任我，相信只要有我就夠了，以後再也不需要其他同業的業務員提供服務。

針對顧客提出的問題，進行的專業研究，都是很有價值的，因為不斷接觸就會不斷有新發現。我重視他們提出的問題，並加以深入了解，然後將研究得來的專業，用來服務每個顧客。最後的效果是，很多人從此變成我的忠實顧客，甚至進一步成了我的免費推銷員，到處告訴別人，他們跟一個很棒的業務員買過一套很棒的書。在持續服務一段時間之後，每天早上還沒出門前，我的手上就已經有許多打電話來買書的顧客，等著我送貨。

許多業務員無法體會售後服務的力量，始終覺得，顧客已經買過了，不可能花錢再買一次同樣的產品，做售後服務不會有什麼立即的效果，寧可拚命認真拜訪，認為這樣比較實際。這就是我常說的「業務工人」。

殊不知，他們往往拚了一天，也只得到一、兩個成交的客戶，而我卻經常一天就接到超過五個要買書的電話。曾有個幼稚園女老師，把跟我買的書，帶到她就讀的台北師專夜間部，向同學推銷。就這樣，連續幾個星期晚上，我把書一箱一箱送到學校去。

還有一個貿易公司的小姐，把她買的書借給在南京東路中華陶磁上班的朋友。結果她朋友一通電話，吆喝同事一口氣訂購了十三套書。類似事件，說也說不完。

祕笈6：感人的故事，讓產品更值錢

有一天，我在收音機聽到余光介紹一首歌「My Papa」（我的爸爸），內容大意是：「我的爸爸，他沒有讀過什麼書，也沒有大筆財富；他沒有爬過高山，也沒有游過大海；但每當我失意的時候，他總是安靜地坐在我的身邊……」

我聽完了介紹，再聽那首歌時，眞是好聽，打從心裡感動。往後只要經過唱片行，我就想去買，但不知是誰唱的，一直沒買到。我想在那個時候，只要找到那首歌，我會不計代價買下來。

推銷也一樣，需要感人的故事，才能打動人心。我在賣錄音帶時，總會認眞找出每首歌的故事，例如義大利名歌「爸爸的特別座」（Le Strapontin De Papa），那是一個很有名的藝人藉由這首歌述說他和父親之間的故事：小時候，父親陪他練習，鼓勵他唱歌。每次演出，父親都會坐在台下一個固定座位上，欣賞他的演出，爲他鼓掌。他也日漸走紅，但就在他最紅的時候，父親過世了。沒有了父親的鼓勵和支持，他失去了自信和熱情，再也無法登台表演。後來在朋友的鼓勵和建議之下，他每次表演時，都會在父親曾經固定坐的位子上，放一把吉他；一上台，他就把那把吉他當作父親，從此又重拾自信和熱情。

每次只要聽完這個故事再聽歌，就會覺得特別好聽、感人。

「四兄弟」（Brother Four）唱過一首歌「七朵水仙花」（Seven Daffodils），歌詞大意是：「我沒有高樓華廈，甚至我手中連一張皺褶的鈔票也沒有，但我願意在清晨中帶著妳踏遍千百個山坡，送妳一個香吻和七朵水仙花……」

「告訴蘿拉我愛她」（Tell Laura I Love Her）這首歌更是感人，湯米和蘿拉是一對戀人，他希望能給她一切，鮮花、禮物，最重要的是：一只結婚鑽戒。

有一天，他看到一張賽車告示，上面說冠軍可獲得一千元獎金。他聯絡不到蘿拉，於是請她母親轉告，他說：「告訴蘿拉我愛她，告訴蘿拉我需要她。告訴蘿拉，我可能會遲到，我有事要做，沒辦法等。」

湯米把車子開到賽車場，他是現場最年輕的車手。比賽一開始，觀眾大喊大叫，選手以致命的速度繞著圈子……沒有人知道那天發生了什麼事，湯米的車竟然在火焰中翻了過去。當人們將他從扭曲的車身中拉出來，聽到他在奄奄一息中，低語著：「告訴蘿拉我愛她，告訴蘿拉我需要她；告訴蘿拉不要哭，我對她的愛永遠不死。」

每當我跟顧客講這些歌曲的故事和內容時，許多顧客都溼了眼眶，一面聽一面說：「好感動哦！」

許多感性的歌詞和故事為歌曲加分不少，而這些歌曲的內容和故事，也不知幫我創造了多少的業績。它們讓顧客更急著想帶回家，立刻享受那份感動，產品的價值自然就提高了。

不管你賣的是什麼產品，都必須為你的產品，找出許許多多感人的故事。

祕笈7：業務員應該有個別名——自在的流水

許多業務員每天衝過來、衝過去，汗流浹背，看似非常認眞，行動積極，口才也很好。不管到哪裡，都一副要說服顧客的模樣，講起話來咄咄逼人，帶給顧客的感覺是一種可怕的壓迫感，彷彿不跟他買就是犯了滔天大錯。

通常這樣的業務人員，業績起伏極大；個人的情緒，往往也隨著業績起伏而變化。

我常說，業務員應該有個別名，叫「自在的流水」，態度積極，但一點也不著急。

我也是人，連續被顧客拒絕之後，當然情緒上也會受到影響，感覺不順；連續的推銷談話，也會讓我口乾舌燥。但是我更清楚，只有更自在，才會有更好的績效；絕不能因爲眼前的小事，就困住了。要知道，你的視野多大、心胸多寬，成功版圖就有多大。

每當我在外面推銷，從早上九點一直到下午三、四點，馬不停蹄地拜訪談話，卻都沒有成效時，我會找個地方，放下工作裝備，花個二十分鐘做我喜歡的事。或是看個畫展，或是逛逛百貨公司，到地下室看我喜歡的餐具組、咖啡杯組……即使不買，看了也是賞心悅目。或是選一家咖啡廳，點杯冰咖啡，閉上眼睛讓自己休息，等眼淚流出來，快流到嘴巴時，我就醒來，一口喝完冰咖啡，再跟小姐要杯冰水，也是一口喝完。然後上個洗手間，洗把臉，重新出發。每當做完這些事，說也奇怪，沒多久業績就會出現。

大家都知道，做業務必須要積極，但我更清楚，做業務不能著急。一個業務員，帶給顧客的應該是舒服和自在。如果自己感覺著急而有壓力，急著要推銷，不會有顧客因爲你的著急或口才好而想購買，只會因爲感覺你過度精明和急躁，而拒絕推銷。切記，急於售出貨品是業務員的最大敗筆！

我當主管時，有兩個表現優異的業務員。

一個姓劉，一跑起業務就像拚命三郎，我給他取名叫「劉拚」。這個業務員很認眞，每天都工作到很晚，拚出一身汗，恨不得全世界的人都是他的客戶，急著要每個人都跟他購買。所以只要顧客提出要求和服務，他總是不管三七二十一，全部都答應。

但成交後，他繼續往下個目標努力，關於曾經對顧客做的承諾，也因爲忙碌的下一步，總是忽略或忘記。久而久之，他就更不在意是否履行承諾了。有時顧客打電話來，公司內勤小姐告訴他，他的表情總充滿無奈和壓力，因爲他實在捨不得撥出時間，去做他認爲不會帶來業績的服務。

雖然他業績傲人，但常有顧客打電話來罵他。爲了維護公司形象，內勤人員總是幫他處理善後，我常說他一個人在外面拚命，公司一群人在裡面幫他拚命。

另一個業務員姓陳，他當年的業績是公司第一名，工作也最有效率。每天中午，他一定帶便當回公司吃，吃完了，睡一小時午覺；大概五點多，就結束了他一天的工作。當時我也給他取了個外號「Easy」，就是一切很easy、很自在。

有幾次我看到他進公司時，小姐跟他說：「Easy，今天下午有個顧客打電話來，說他跟你買的錄音帶有問題。」

Easy一聽，馬上高興地喊：「耶，機會來了！」

我好奇地問他：「顧客發現你的產品有問題，你爲什麼那麼高興？」

他興奮地說：「這是個好機會，可以證明我樂意爲顧客提供良好服務，我當然高興了！服務會創造更大的績效，發揮更大的連鎖反應。」

從這兩個故事中，兩相比較，我們很容易就能了解，爲什麼Easy每天睡午覺，五點收工，卻總拿第一名；而劉拚流了再多汗水，工作時間再長，再怎麼拚也拚不過Easy的原因了。這可以很清楚地解釋，自在的來源和效益。

祕笈8：當顧客大力批評時，就是機會來了

很多業務員，一聽到顧客批評公司和產品，心裡就慌了，立即的反應就是辯論，爲了維護公司和產品的形象，而努力解釋。但是，換個角度想，假設你口才好，可以把顧客辯倒，你覺得顧客會因爲認輸而跟你購買嗎？答案當然是：「不會！」

有一次，我去學校推銷一套兒童書《小故事的大啓示》，碰到一個年紀稍大的老師。他翻了幾頁，很不客氣地說：「現在的出版商，把小孩子害慘了。」

我問他說：「爲什麼？」

他說：「錯誤連篇！你看這個都是的「都」，在日字上頭的右方應該要加一點。但你們的印刷都沒有這一點，這不是害慘小孩子了？」

我一眼看到他桌上放著一些作文簿，我馬上回應說：「老師，你的國文造詣眞高，你這番見解太重要了，我回去一定要請我們總編輯再仔細校對。這個影響太大了，你能不能再幫我找找找其他問題？我把問題抄下來，回去反應，我們公司一定會非常感謝你

的，眞高興今天碰到你。」

他聽我這麼說，很高興地認眞幫我找問題，包括故事的典故、出處……我一面抄下他指出的問題，一面讚美他功德無量，博學多聞。

過了不久，學生來找他，他也就停了。爲了不打攪他，我說了聲謝謝，就轉而跟其他老師介紹。等學生走了，他忽然走過來說：「等一下你留三套書給我，我要送給班上這次考試成績優異的學生。」他這一說，其他老師都快速成交。

所以，我再三強調：「當顧客提出批評的時候，就是機會來了！」永遠要記住，好的業務員，永遠都不會和顧客辯論。

祕笈9：大大方方從看守員面前把母鹿帶走

有一次，我計劃到南港國中拜訪老師，跟學校門房管理員說明來意後，管理員堅決不讓我進校門。我心想，門禁這麼森嚴，這間學校的老師一定都沒被推銷員推銷過，肯定是個極美好的新鮮市場。於是我繞到後門，但後門緊鎖，正在傷腦筋如何進去時，抬頭一看，圍牆並不高，應該翻得過去。我興奮地下了摩托車，輕鬆翻過校牆。

進了校園，走進專任老師辦公室，老師們實在太友善了，熱情購買。接著又進了校長室，校長也高興地買了兩套書。結束推銷後，我大方走出校門，跟管理員打招呼、說再見，他還滿臉狐疑。

第二天我送書到學校，大方告訴管理員，我把老師和校長訂購的優良圖書送來給他們。登記了姓名，就大方地把摩托車騎進去，停在停車位。我帶著老師和校長的訂購單，繼續拜訪導師辦公室、圖書室、保健室……連續接了十幾張訂單，這才高興地騎車回公司提貨，趕在下課前送到學校。

分送完書，收了款，剛好遇上學校的降旗典禮。我就在二樓走廊，看著參加降旗典禮的老師，看著他們每個人都提著跟我購買的書，排隊站在操場，心中的成就感無以形容。

有一次去國泰醫院推銷，從門診、急診、病房的護理站……全都走了一遍，感覺上每個人都忙碌不堪，正煩惱該從何下手時，忽然看到一個自動門，門外寫著加護病房。我看護士小姐踩一下地上的開關，門就自動開了，便也有樣學樣，跟著踩了一下。門一開，就進去拜訪裡面的護士們，大家看到我都好開心，踴躍購買，好像從沒見過推銷員一樣。

接著我又去開刀房，發現沒排手術時，開刀房的工作人員並不忙碌，而且非常親切。「白衣天使」的稱號，果眞不是虛有其名啊！

這些過程現在說來輕描淡寫，但在當時，一般的業務員可是不敢進加護病房和開刀房去推銷的，因爲心裡會先入爲主地認爲，那是極難進入、極嚴肅的地方。

結論是愈難進入的地方，就是愈好推銷的地方，而我也從此愛上了醫院這個可愛的市場。

莎士比亞小時候家裡窮困，但他調皮愛玩，總帶著鄰居小孩一次又一次闖入私人森林，捕捉母鹿。有幾次被管理員抓了，毒打一頓，最後還被趕出故鄉。莎士比亞離開家鄉，到處流浪，最後成爲世界大文豪，編寫出無數感人的戲劇。在他的《十四行詩》裡，不是也寫道：「什麼！難道你從沒有幹過這樣的事？大大方方從看守人的面前把母鹿帶走。」

人不痴狂枉少年！很多刺激的事，如果年輕時不做，什麼時候可以做呢？

祕笈10：森林裡的樹葉，永遠都比你手上的多

有次佛陀在森林裡，對著學生講道，他隨意撿起幾片掉在地上的落葉，問學生：「大家看看我手上的樹葉，和森林裡的樹葉，哪個多呢？」

衆學生回答：「當然是森林裡的樹葉多。」

佛陀說：「對！一個人能夠懂的道有限，我能教給各位的，就像我手上的樹葉一樣少。大家要鑽研更深的佛學，就要接觸更多的人、事、物。」

許多業務員總認爲自己最行，靠著自己的閱讀和思考，編出很多話術。但我認爲所謂「話術」，應該涵蓋很多眞實的例子，才能夠讓談話有血有淚，直入人心。我喜歡聽顧客談話，在做電話服務時，更喜歡聽顧客與我分享他使用產品之後的感覺。

有個顧客在電話裡告訴我，他的小孩現在很會寫作文和運用成語，都是看我賣的故事書學來的。

還有個顧客跟我買音樂產品時，說：「每個月月初領了薪水，到了月底就用光了，問自己花到哪裡去了？也想不起來，反正就是在吃零食、看電影、坐計程車……這些瑣事中花光的。與其這樣，不如買一套音樂來聽，最起碼每次聽音樂時，都知道自己的錢花在好聽的音樂上！」

有次我照例進行售後的電話服務，有個顧客興奮地說，他眞的按照我的提醒做到了，現在家庭的氣氛明顯不同於以往。原來是我在介紹音樂時，一面放音樂給他聽，一面建議他：「有很多家庭，習慣全家一面看電視新聞，一面吃晚餐，不但無法幫助消化，也無法促進家裡的氣氛。看看那些高級餐廳，大家花了大筆的錢用餐，一定是一面吃飯，一面聽音樂的！」

與其關起門，在心裡想許多話術，不如去接觸更多顧客，多聽聽顧客的說法。那些得自顧客的眞實感受，才是最有力量的話術。

祕笈11：永不變臉

許多在門市負責銷售的小姐和業務員，很會跟顧客講道理。有些保險業務員更誇張地形容自己的工作是「來人間行善」的，工作目的只爲了幫助很多人，避免在意外發生時，茫茫人海，無人可以提供協助；他們講得滔滔不絕，一副若沒有從事保險業務，就不是好人似的。

更有趣的是，有些傳銷業務員一方面要賣產品，一方面想徵才，把自己的工作講成是世界上最偉大的工作，自己的公司是世界上最具規模的企業。言下之意，好像除了他們，其他人和企業都不應該存在於世界一般。

上述這類做法讓人難以接受，他們從不會設身處地思考，被他拜訪的人要有多少耐心，才能聽進、聽完他們的談話；而那樣的談話，給人的壓力到底有多麼恐怖？否定拜訪對象的道德、職業和服務的公司，是否會讓人想跟他翻臉？

以這種談話方式對待顧客，遭遇拒絕的機會當然很大。所以像這樣的業務員，他們自己的流動率也大。比較可悲的是，業務員永遠也不知道，自己那麼認眞的談話和拜訪，究竟犯了什麼錯？

要知道，太多道理就是無理！

我常看到一些業務員，在進行拜訪談話時，誠懇有禮，即使顧客一次又一次拒絕，依然面帶笑容，讚美顧客，技巧又有耐心地說：「是，是，是！但是如果你怎樣……又會怎樣……」他們想盡辦法，企圖扭轉顧客的態度和想法，可是等到顧客最終依舊堅定拒絕時，他們就變臉了。

我這裡所謂的「變臉」，很多業務員是聽不懂的，很可能會直接想成「翻臉」。但是，我指的是臉上產生失望的表情，談話裡出現喪氣的語調。

業務員必須要了解，沒有人規定顧客必須跟你購買。你自己去拜訪顧客，對方願意撥時間聽你介紹產品，已是功德無量，不管買或不買，都是極大的恩惠。

我一向認爲推銷過程中的拜訪，只是推銷的開始，每一次拜訪的結束，都必須是開啓下次拜訪的契機。業務員不管到了哪裡，不管結果如何，都必須帶著愉快的心情離開。成功的業務員必須是個無敵戰鬥體，永遠也不會變臉，他的表情永遠都是開心的笑容，不管顧客拒絕他多少次。

有一次，我在新莊國中推銷。先是一個女老師跟我買了書，接著我和其他老師介紹，有個老師想買，但堅持要我算便宜一點。因爲我一向的開價都直接是底價，實在沒有降價空間。她就說，那她要考慮考慮。

我不以爲意，就讓她好好考慮，繼續跟其他老師介紹。有幾個老師看了喜歡，正要簽訂單，那個正在考慮的老師跑來阻止他們，說：「我們一次買這麼多，你一定要降價才行。」連先前那位女老師買過的書，都被她拿來，說：「你不降價，我們全都不買，這一套也要退貨！」

大家跟著起鬨，要求我降價，但我實在做不到，就跟她們說：「你們學校的每個老師都很親切，我一開始就抱定要賣你們最便宜的價錢，所以現在想降也沒辦法降。降下去，我明天就沒工作了！」

大家還是不相信，堅持要我降價，我只好打圓場說：「你們今天先不要買，但是留下我的電話。要是有一天你們問到比我更低的價錢，打電話給我，我送你們一人一本書，算是賠罪。不過走之前，我先幫你們算算命，玩玩諸葛神算。」我把話題焦點從討價還價轉開，引導大家把注意力放到算命上，大家也算得不亦樂乎。

算完命，我跟她們說聲再見，就到別的辦公室推銷。過了兩天，我接到電話，他們團購了十套《婦女生活寶鑑》，最後連校長都變成我的客戶。

只有這樣的行爲，才能夠累積拜訪價值。不管顧客給你多少拒絕或難堪，必須要在離開以後，讓顧客也感覺到開心愉悅。一般人之所以做不到，是因爲他們誤以爲，這次拜訪顧客，若他不接受就是失敗了。他們沒想到第一次或第二次沒有成交，是累積形象的好機會，業務員的風度將決定顧客往後對他的評價，也決定了他下一次拜訪的成效；離開時的心情，同時也將會影響拜訪下一個顧客的表現。

祕笈12：不要對眼前的顧客亂下評斷

十幾年前，我擔任金革唱片總經理時，有個夏天，我想換一部車子，就趁假日，穿著短褲就去賓士汽車的門市看車子。我看了很久，始終沒人理我，我就找來一個業務員，請他介紹車子。

那是一個年紀比我大的業務組長，他看我年紀輕輕，又穿著短褲，猜想我應該買不起賓士車，就回答說：「這是賓士，不是裕隆，賓士車哪需要介紹？」

我聽了有點受不了，就說：「那你起碼跟我說明一下，爲什麼賓士S320的價錢比BMW735i還要貴幾十萬元呢？」

他很不屑地回答：「道理很簡單啊，關鍵就在於身分和地位的象徵。如果你是董事長級的人物，當然要買賓士S320；但如果你的身分只是總經理，那選擇BMW735i就好了！」這個業務員的幾句談話，讓他喪失了三百多萬元的業績，最後我也只好買了BMW735i。

我在擔任出版社業務員時，常會遇到一些出乎意料的狀況。

有一次，我到一家大公司拜訪，每一個主管和職員我都介紹到了，卻沒人購買。忽然，有個到他們公司修理水電的工人，走過來輕聲問我：「這套書多少錢？」然後就簽下了訂單。

另一次，我到中原大學推銷，走遍教授和教官的辦公室，就是賣不出去。結果在樓下碰到一個七十歲的老管理員，我只跟他介紹不到幾分鐘，他就訂購了全套產品。

我在桃園機場推銷，拜訪許多空服員和高階主管，跟我買最多的是圓山飯店的服務生；我在航空警察局，拜訪許多警官、警察、行政人員……跟我買最多的，是一個駕駛交通車的司機。

最有意思的是，有次我去學校推銷，在教職員辦公室，向老師們介紹我的產品。當時每個老師都親切又有水準，但在推銷時，我總跳過一個男老師，因爲他不苟言笑，臉上嚴肅的表情，讓我自然地敬而遠之。

在某段上課時間，整間辦公室的老師都各自去教室上課，只剩下他一個人。我在沒有選擇的情況下，就走到他面前，打個招呼說：「我有一套很好的書，想請老師評鑑一下。」

他一開口，我當場傻眼：「你來了三天，我一直想跟你買。但你在我身邊走來走去，始終都不來找我。我想你再不來找我，我就不買了！」

諸如此類的經驗，讓我深深體會到，業務員不該挑選顧客，不要從外表去判斷你拜訪的對象，外表愈不像顧客或愈可怕的人，可能就是愈會購買的人。

祕笈13：推銷應該是一次又一次完美的引導

二十幾年前，我任職於嘉新出版社，公司派我前往高雄成立分公司。高雄天氣很熱，到了夏天，公司必須購買一台大型冷氣機。總公司建議我找幾個廠牌來比價，於是我找了幾家廠商的業務來報價。

其中一個東元冷氣的業務員最是積極，連續來了幾趟，讓人印象深刻。我正考慮要購買他的產品時，總公司卻打了電話來，說大同的價錢比較划算，建議我直接訂購大同冷氣機，並採用分期付款方式購買。事已成定局，偏偏這時東元的業務員恰好來按電鈴，小姐通知我時，我非常尷尬，因爲他表現得最積極、最認眞，可是我已經決定不買他的產品了。

但他既然來了，再怎麼尷尬，也沒地方可躲，我還是必須面對。只好請他進公司，倒了杯茶，請他坐下來，開門見山地說：「你眞是個很優秀的業務員，但上頭剛打電話來，希望我選購大同的冷氣機。對你實在很抱歉，讓你白跑這麼多趟。」

他絲毫沒有失望的表情，說可以理解公司的考量，大同也眞的很不錯，尤其它的付款條件，很能滿足客戶的需求。反正他已經來了，不買也沒關係。他又說，能夠認識陳主任這麼年輕的青年才俊，就是一件値得高興的事。

然後，他拿出一個很大、很重的馬達零件，說他是專門帶這個馬達來給我看的，說著，就把它遞到我的手上。因爲他怕用說明書跟我介紹，太多專有名詞，一般人聽不懂；花太多時間講解，又怕耽誤我的工作時間，所以乾脆把整個馬達帶過來給我看。他強調，在業界，東元的強項就是馬達；而他帶來的這個馬達，設計和功能又是東元最大的驕傲。剛好我想要的那台冷氣機，就是採用這個馬達；以它的運轉能量，能夠提供的省電功能和冷氣強度，以及延長冷氣壽命長達五年的時間，如果精打細算，它省下的費用，超過其他品牌價錢百分之三十以上的金額，比購買其他品牌還要划算……

我對機器一竅不通，但摸著他帶來的馬達，我完全相信他的話，一股莫名其妙的魔力自然產生，只能說這個業務員眞是做了一次又一次完美的引導，導致我主動違反公司的決議，跟他簽下了訂單。

很多業務員很認眞地跟顧客介紹產品，但只是一味地介紹，沒有考慮顧客是否聽得進去。尤其當顧客在看資料時，業務員還在旁邊不停地說話，有如疲勞轟炸；顧客一面要看資料，一面要聽他講話，根本無法專心，更感受不到產品的優點和魅力。

我在跑業務的時候，每天都必須跟無數的顧客做產品介紹。久而久之，我發現有個方法可以輕而易舉就讓顧客聽進我的話——每當我跟顧客介紹產品的時候，一定用手指給顧客看，確定顧客看到了，再清楚說明。這麼一來，顧客在你的指引之下，很容易專心。

如果是讓顧客試聽音樂，過程中，我一定不講話，讓顧客專心聽；但在播放音樂前，我會先講音樂故事；音樂剛播放時，再問顧客聲音會不會太大或太小，然後就安靜地看著顧客，讓他自然進入享受音樂的情境。

如果業務員能夠引導顧客專心進入產品的世界，推銷的效果當然就不同。

祕笈14：業務溝通應該是一種對流

許多業務員話很多，他們也許認爲口才會創造更多業績，所以在顧客面前不斷賣弄唇舌。實際上，顧客並不喜歡這樣，他寧可你讚嘆他口才好，而不是他覺得你口才好。

不管是誰，都希望得到肯定，喜歡成就，如何讓顧客感受到本身的優秀，進而對你產生好感，才是業務談話的重點。

引導顧客談他自己的成就，並給予最適當的讚美，就是業務談話中最好的對流，也是成交的最大祕訣。

我以前帶過一個業務員，是台灣大學法律系三年級休學的高材生。在學校，他是一個優秀的辯論高手。剛進公司時，同事們聽他談話，都非常佩服，好像每件事他都可以說得天花亂墜；講起產品內容，他更像研究心理學的專家，可以講出無數道理，完全沒有破綻。大家都認爲他一定可以做出很好的業績，他自己也認爲對他來說，這份工作輕而易舉。但是，除了幾天有業績外，他幾乎都是掛零。

我實在很好奇，難道他都跑出去摸魚，沒有進行該有的拜訪嗎？有一天，我找他來談，請他敘述平常的推銷過程，由我扮演顧客，他當推銷員，進行實際演練，我希望確實感受他的推銷手法。

結果花了很長一段時間，我才明白癥結所在。我的感受是，他的姿態像是老師，而我好像被當成學生。不管我提什麼想法，都會被他嚴厲否定。我講一個看法，他要講十個道理給我聽，雖然流利而有理，但我實在受不了！

顧客怎能容忍一個完全不認識的人，當面否認他，長篇大論一堆道理，還要付錢出來？好的業務員，要能夠引導話題，讓顧客聊得盡興；還要專注聆聽顧客的談話，從中發掘顧客的專長和喜好，適時把話題轉到顧客喜歡的話題上，讓對方愈講愈爽，愈講愈得意，形成足夠的對流。

所以成功的推銷，必須是一面觀察、讚美對方的談話，一面適度引導顧客了解產品，並對產品的擁有產生幻想。

最重要的是，要讓顧客盡情發表意見，讓業務的溝通完全達到雙向對流。當雙方愈聊愈盡興，對方爲了維繫良好的氣氛，以及他在你心裡的好印象，購買就會是他最好、最直接的選擇。

有個業務員在聽完我談對流的早會之後，去一家會計事務所拜訪。他說，他認眞地跟一個會計師介紹產品，從頭介紹到尾毫無冷場，自覺講得非常好，但顧客表現得意興闌珊。

一切就要結束時，他忽然想起我早上的話，心裡自責：「幹！忘了對流！」

他立刻把話題轉到會計師的專長上，一面專心聆聽讚美，一面請教會計師，如何安排自己在繁重工作之外的生活，並表示出高度的興趣。

最精彩的是，當會計師發表了幾十分鐘的談話之後，忽然問他：「全套購買是多少錢？怎麼塡訂購單和付錢？」

在從事推銷時，除了跟顧客做產品介紹，講幾個重點故事給顧客聽，大部分成交的客戶，在推銷過程中講的話都比我更多。演變到後來，大部分的推銷好像也極少在談產品，都是顧客在跟我談他的公司、工作、家庭和他曾經優秀的表現。更多的對流，讓顧客成爲談話的主角，才會有更美好的推銷結局。

祕笈15：誠實無敵

無論是業務員或主管，永遠要記得，不管你口才多好，都不要以爲你能騙得過別人，靠賣弄口舌達到目的。

在推銷的過程中，顧客提出降價的要求，這是每個業務員，每天都會碰到的基本狀況。許多業務員爲了避免顧客因爲得不到滿意的降價回應而拒絕購買，經常刻意把價錢大幅抬高，他們的談判策略是：「喊價要狠，降價要緩，最好堅持到底，不輕易退讓。」通常這樣做，一方面可以緩和顧客的情緒，一方面可以順利賣出產品。

許多業務員開了高價，結果碰上了不喜殺價的好客戶，憑著他們的好口才，通常就可以用高於底價的價格，售出商品，也就理所當然多賺了一些外快。我在做業務員的時候，始終不認同這種做法。因爲這樣的結果，往往讓不殺價的好客戶，要花比會殺價的客戶更多的金額來購買。我認爲，不該讓好客戶吃虧。

所以每一次推銷，我總是誠實告訴客戶公司規定的產品底價。碰到顧客殺價時，我會拿出完整的客戶資料，告訴顧客：「我將業務工作視爲終身職業，因此要確保所有跟我購買的客戶，都是買到最低價，這樣我才能跟客戶做長久生意。如果今天你跟我殺價，我就降價，下次碰到其他更會殺價的顧客，我一定要降更多，那你買到的也不會是最便宜的價格。如果不相信我的話，可以打電話去問其他客戶花多少錢購買，也可以打電話去公司殺價看看；要是你可以買到更便宜的價格，我的產品就免費送給你。」

也因爲這樣的觀念，在我領導金革唱片的時代，價格非常穩定。業務員做起來也輕鬆，因爲顧客不管怎麼問、怎麼殺，都是同樣的價格。長期下來，建立了口碑，顧客也就買得更安心。

祕笈16：把記憶停留在勝利的時刻

對業務員來說，碰釘子是家常便飯。往往認眞了一整天，聽到的回應都是「考慮考慮」、「回去問老婆」、殺價過度、甚至惡意拒絕……連續幾天賣不出產品，更是司空見慣。

但是，身為業務員，如果腦子淨想這些不順利的過程，失望、害怕、擔憂……糾纏著自己的心情，繼續努力的腳步就會減慢，甚至會把出去拜訪當作苦差事。我常在演講或上節目時，一再碰到聽衆問我同樣的問題。但是我仔細回想，過去我並沒有這些問題和困擾，這是為什麼呢？

在推銷的過程中，我和大家一樣，碰到很多拒絕，也同樣有很多時候，連一個產品也賣不出去。不同於大家的是，我腦子想的、記得的，都是許多最終成功的回憶，而這些回憶帶給我的都是甜美而愉快的滋味。

所以，我鼓勵每個業務員，若想要繼續快樂地走下去，就要忘記所有失敗的推銷，把記憶停留在所有勝利的時刻！

祕笈17：說再見立刻就走

好的業務員要能夠讓顧客珍惜和懷念，除了基本的專業和良好的服務，營造「積極、熱情、永保新鮮」的形象，才能帶給客戶珍貴的感覺。

陽光的感覺很重要，業務員要讓顧客感覺自己積極、忙碌，時間寶貴。如果顧客感受到有許多顧客正等著我們去服務，才會認定你大有未來，跟你談話時，自然也會表示尊重。

但要創造那樣的感覺，卻不能是裝出來的。所以業務員要妥善安排自己的時間，每一次拜訪不能耗費太多時間，因爲下一個客戶已經在等你。

這麼做還有另一個好處，可以提醒自己預做準備。當你知道自己時間不多，跟顧客談話時就會談重點。爲了抓到重點，你要先了解顧客喜歡聽什麼？想了解什麼？有些顧客自己看得懂，也有基本概念，你就不要在上面浪費太多時間說明。談完了，不管對方買或不買，感覺差不多了，站起來，說再見立刻就走！

對於已經成交或今天不會成交的客戶，繼續長時間的談話，除了讓人覺得你不重要，也會使顧客覺得煩。你賴著不走的行爲，只會製造下次拜訪的阻礙。

我有個好朋友在賣保險，每次打電話來或拜訪我，都要長篇大論，我不過問一個問題，他就可以回答幾十分鐘，而且愈講愈離題。久了，我開始覺得很煩，壓力也很大，每次接到他的電話都很害怕，更別說是要來拜訪我了！我也很好奇，他如果每次都在一個客戶身上花這麼多時間，如何做好業績呢？而一個被認定做不好的業務員，我又怎麼會放心讓他服務？

話講太多會出錯，人看久了也會膩，只有說再見立刻就走，才能讓你永保新鮮、永不出錯。

祕笈18：讓顧客也瘋狂

人類的內心深處，埋藏了一種細胞，叫做「競賽」，還有一種潛在企圖，叫做「獲勝」，端看業務員如何點燃熱情，讓他燃燒。

每次推銷，我總會把顧客的資料做完整的登記、有系統的整理，然後在推銷過程中，自然地把資料翻給顧客看，同時告訴顧客：「我做這份推銷工作，不是只打算做一天、兩天的，對我來說是終身事業。因此，每個顧客我都會做完整登記，提供永久的服務。」然後指著資料繼續說，九樓幾乎每個人都買了，十樓則創下這棟大樓的紀錄，目前成交了十八個，現在等你們八樓來打破紀錄……

這個方法屢試不爽，不管在任何地方，顧客群中總會出現一些比較熱情的人，鼓動、遊說、企圖挑起其他同事的競賽心，讓大家莫名其妙地一套一套簽下去，我相信很多顧客買了根本不知道要做什麼用，但他們就是會興奮莫名。

第五部

生命總要來點不一樣

四十歲後，我想品味人生，
拋開一切，離開職場，不再終日為金錢和事業奔波；
悠閒而快樂地過自己想過的生活，做自己想做的事，
從一個成功企業家，
蛻變成一個懂得生活的生活家。

第16章

計畫必須跟得上變化

企業的大舞台隨著科技進步和人類需求而變化，
你必須隨時準備更改劇本，期能繼續得到觀眾的親睞，
正是所謂的計畫永遠跟不上變化，變化抵不過顧客一句話！

從一九九八年起，電腦燒錄、網路下載逐步普及，唱片業面臨世紀浩劫。由於盜錄方便，取得容易，包括國際五大唱片公司無一倖免於難。每家公司都必須面對市場大幅萎縮，裁員、縮小編制、合併、降低人事成本、減少出片……各種因應辦法層出不窮，但仍抵不過市場瞬息變化帶來的衝擊。二〇〇一年起，唱片業一家家宣布結束營業！

金革當然也不能倖免，雖然業務夥伴依然充滿鬥志，屢創佳績，但辛苦的程度已非昔日可比。幾經觀察，二〇〇一年我決定進入另一個領域，以減少衝擊，再創新局。

二〇〇一年二月，金革由董事長陳建章親自帶隊，包括國外部經理何偉雄、專業音樂人陳宏光，一同前往法國坎城參加影像大展，帶回多家古典大卡司的現場音樂會DVD。從此，金革科技正式跨入代理和銷售古典表演藝術影片的領域，包括維也納新年音樂會、阿巴多（Claudio Abbado）指揮柏林愛樂管弦樂團的一系列大型現場音樂會、巴倫波因（Daniel Barenboim）、著名的歌劇演出……

我必須想辦法讓夥伴先愛上這些古典藝術表演，才能在市場上推動它們。我大力推動，務必要讓古典音樂在公司內部流行起來，先是安排企畫部主管林伯杰、施迪文、陳宏光每個星期在公司開課，帶領大家一起觀賞，進入古典表演藝術的世界。當時，全公司的夥伴們都沉浸在濃濃的古典味裡，每天討論和欣賞古典樂，連氣質也全都變了！

由於這些大卡司的表演極為經典，喜歡他們的客戶不愛買盜版或下載的影片，一套又一套上萬元的經典古典音樂和藝術表演，創下的業績，讓金革業務夥伴大為振奮。

在金革尚未代理這些音樂產品之前，在台灣市場，一場音樂會的DVD平均一年大約有八百到一千張的銷售量，但金革第一年就創下單一產品一年銷售超過一萬張的紀錄。同仁們瘋狂地推廣，真是讓顧客也跟著一起瘋狂！

即時應變，讓金革避開唱片市場不景氣的風暴，再創業務高峰。

即時應變，再創佳績

由於單張唱片和DVD愈做愈多，公司也面臨了大量存貨的問題。同一時間，我成立自營門市，由業務主管鄭凱仁負責展店和管理，但存貨數量依然不減。畢竟門市不同於直銷業務，沒辦法讓單一顧客一次購買幾萬元的音樂商品，助益有限。

我注意到，辦信用卡送贈品，在當時非常普遍，腦子裡閃過一個點子，如果把金革的存貨拿去當開卡禮呢？應該值得嘗試。金革天才業務陳日新，當時躍躍欲試，我就成立了專案行銷部門，交給他負責。第一個成功的個案是，中信銀的信用卡積點禮，陳日新成功賣光了「陳志遠的音樂交響詩」三千多套。

緊接著進入量身訂做的贈品市場，又成功拿下左岸咖啡加購禮的案子。當時統一食品推出左岸咖啡，他們希望一炮而紅，編了很多廣告預算。陳日新帶著江世文密集拜訪提案，以法國左岸的浪漫音樂打動了廣告公司。最後定案的促銷手法是，買兩罐左岸咖啡，可以用八十九元加購一張「左岸情歌音樂」。結果，經過一個促銷期，居然成功賣出十萬張CD，這個行銷案在極不景氣的唱片市場投下一大震撼彈。

在商場上，「量身訂做」是很流行的商品模式。金革就以所代理的音樂內容，幫顧客量身訂做，專門拜訪需要大量贈品的廠商。日後包括裕隆汽車、豐田汽車、福特汽車的賞車禮，BMW的回廠維修禮，富邦證券、寶來證券、元大證券、國泰人壽、新光人壽、台新銀行、LA New皮鞋……一個個都變成了我們的禮品客戶。

這項業務尤其受到玉山銀行的親睞，當時玉山銀行推出「教師卡」，他們部門經理看到金革爲老師量身訂做的音樂，愛不釋手，陳日新巧妙地在音樂開頭加入下課鐘聲，老師們聽了特別有感覺，每年教師節還沒到，就先打電話問玉山銀行今年有沒有音樂贈品。每次最少三萬張玉山教師卡CD的訂單，使玉山銀行成了唱片業難得的大戶。

這個生意模式因爲銷售對象都是單一企業，客戶訂多少量，就生產多少，完全沒有存貨的壓力。對客戶來說，外面一張正版CD售價爲三百多元，但他們大批訂購，除了可以量身訂做，整體設計完全按照顧客的期望呈現，價錢還可以壓到一百元以下。

這種交易，對買賣雙方都有利。只有雙贏，生意才能永續經營。

公播市場無限大

在台灣，一般人對於使用音樂內容的規範，總是不甚了解。大家總以爲我花錢買了正版CD，想在哪裡播放就是我的自由。殊不知音樂的使用分爲家用和公開播放，這是兩種不同的權利。一般人購買的僅是家用版，不能在公共空間播放，更不能在公開的營業場所使用。但是，大型連鎖店只要一播放音樂，就會有著作人協會前往告發，做生意還要面臨這些法律訴訟，對經營者來說是一大煩惱。

因爲音樂著作的權利分屬不同創作人，而不同的創作人加入不同的協會，一般商店用了音樂，即使有心付錢，也不知道要付給哪個單位。縱使付給最大的「中華音樂著作權協會」（MUST），並加入「國際唱片業交流基金會」（IFPI），取得聲音的播放權，也難保是安全的。

更何況，一般店家採用音響播放音樂，門市小姐有可能攜帶自己喜歡的唱片，在工作時間播放，這都可能觸犯著作權法，而觸犯著作權法就是刑事罪。

對以服務爲最高宗旨的金革來說，大家的困擾就等於一大商機。我發現這個現象，就召集主管討論，如何把金革所有音樂放在一個機器裡，讓店家只播放金革的音樂，不用煩惱著作權違法的問題。

但金革人都是文人，不懂機器，幾經討論沒有結論。直到有一天，資訊部門經理陳佳永提出解決辦法。他建議設計一台金革客戶專屬機器，以隨身碟的方式，將音樂存在一個八十G的大硬碟裡，可以儲存超過五千首音樂，由金革企畫人員幫顧客預先做好音樂分類；然後把機器接在店家音響的擴大器和喇叭上，顧客可以使用一整年，每天聽不同音樂，還可以自由選擇在不同時間播放不同音樂。

二〇〇四年，我正式宣布金革將大舉進入公播市場，並自行開發公播機器。員工非常興奮，產品部經理陳建仁和公播部經理潘同助大力奔走，尋訪廠商。

二〇〇五年，機器問世，並由國外部經理積極聯絡，結合國外擁有音樂內容公播權利的廠商，全力開發市場。爲了成功打入這個市場，我將金革陽光青年黃吉鋒調離業務部，積極投入，在潘同助的帶領之下，一起開發公播市場。

這是一個可以永續經營的業務，對象都是大型企業，客戶經營的營業場所，只要使用一次公播機，每年就會習慣性地繼續使用。簽約一次，每年繳費，等於顧客只要開發一次，就能永久收費，之後就是維繫良好關係，並給予服務，每年的努力將不斷累積顧客的數量。

因爲多年在品牌上的努力，公播市場的客戶對金革有足夠的信任，包括台北一〇一大樓、ＳＯＧＯ百貨、遠東百貨、紐約紐約、台灣麥當勞、高雄統一夢時代、王品集團、賓士汽車、福特汽車、渣打銀行、台新銀行、福華大飯店……許多大型連鎖企業相繼加入，公播市場的未來，眞是充滿無限的想像空間。

第17章

四十歲以前的努力，決定一生

如果有所企圖和理想，請立刻行動，
把握體力和熱情的黃金歲月，
別等到力不從心時，再大談錯過美好理想的遺憾。

這本書我把重心都放在四十歲以前做的事情上，而我現在已經五十二歲！回想這麼多年來我所做的事，我希望跟想創業的年輕人分享，尤其是從事業務工作的年輕人。

之所以特別著重四十歲以前的經歷，是因爲我認爲，一個人如果沒有在四十歲之前奠定足夠的基礎，以後不管要成就什麼事業，都會很困難。當然凡事總有例外，但那也只是極少數的幸運兒。

爲什麼四十歲以前特別重要呢？我自己回想，有許多事，過了四十歲，我的處理方式就會大幅改變，原因是體力、熱情和企圖都在減退。一個年輕時激進的人，過了四十歲，說好聽一點是成熟、穩重，但就正在打拚的人來說，應該要解讀成懶散、沒有熱情！

商場上，速度就是力量

速度就是力量，這句話在企業界流行是有道理的，不積極就會錯過商機，降低熱情。

記得有一年夏天，接近下班時，冷氣突然壞掉了。當時我每天早上都要對全體業務員開早會，一方面傳授業務技巧，一方面給予激勵。我認爲，一天業績的成敗，就取決於那個早會，我當然非常重視（實際上，我重視每一件我要做的事）。

爲了第二天的早會，我必須找人當天修好冷氣。晚上十點多下了班，我騎著摩托車一路找，重慶北路、延平北路、環河北路、承德路……只要看到有關冷氣機的招牌，我就停車敲門、詢問，但一家接一家都沒人回應。

快十二點的時候，我在承德路看到一家鐵門拉下一半的修理店，立刻鑽進鐵門。一個老師父正在修理冷氣機，我把我的需要告訴他，他回答：「今天不可能，你沒看我手上還有一台沒有完成嗎？這可是明天一早要去裝的啊！」

我說：「我看得出來，但你不幫我這個忙，我死路一條，無論如何，你非幫不可，誰叫我這麼有緣，碰上了你。」

他說：「這麼晚了，你瘋了嗎？明天我再去幫你看。」

我說：「我沒瘋，但眞的很重要，我不會無聊到這麼晚了，還一家一家找人幫我修冷氣！」

他無奈地說：「那你要等我先修完這台。」

我當然說好，乖乖在旁邊，一面等，一面讚美他工作的熟練和負責的態度。

到了半夜一點多，他帶著工具，騎上車，跟著我到公司，我們就這樣搞到將近四點。第二天早上員工進辦公室，恢復正常的冷氣讓他們好舒服。

有一年夏天，有個大颱風來襲。我擔心放了假，不但當天沒有業績，第二天還會出現颱風假症候群，公司的業績一定大跌。於是，一大早六點不到，我就進了辦公室，守在電話機前。只要電話響起，我拿起話筒就說：「你好，正常上班！」

到了九點，業務員全部進了公司。許多業務員的反應是，風雨這麼大，本想待在家裡，不要出門，打了電話聽到老人家的聲音（老人家當然是指我囉），只好乖乖來了！我照常開早會，安排颱風天的拜訪方式。

每個業務員回來，全身溼透，公司已經準備好吹風機和替換的衣服，還有溫熱的薑茶。結果，颱風天，公司的業績不但沒跌，反而大漲。

類似的事情不勝枚舉，但我很清楚，過了四十歲以後，我不會有同樣的熱情和魄力，處理每一件事。

從企業家蛻變為生活家

經歷了忙碌的事業後，我更想品味人生。常聽許多人說，不要窮得只剩下錢，我自己也深刻了解，除了帶領業務員創造業績，在生活上我幾近白痴。

有一次我老婆出國，我帶著提款卡想去銀行領錢，在提款機前試了半天，錢就是不出來。正在納悶的時候，一個鄰居剛好也去銀行辦事，我趕緊叫住他，請教他如何提款。他試了一下，說：「這台機器的錢被領光了，你換一台就有了。」

在公司裡，大大小小的事，有許多人在服務；在家裡，所有事情都有賢慧的老婆打理。很多事，我只要開口，出一張嘴就全部搞定，這樣的人生並不完整。

四十歲的時候，我開始規劃退休的日期和退休以後的生活。計劃是工作滿三十年，我立刻要拋開一切，離開職場。到時候，我要過生活，享受生活，不要終日爲金錢和事業忙碌，我要變成一個懂生活的生活家！

二〇〇五年初，我跟大哥提出退休日期，也在主管會議時，告訴公司的一級主管，我將在三年內建立一個有競爭力的商業模式，然後就把責任交給大家。

所以，從二〇〇五年起，我一直致力於新的規畫，其中最大的一項任務，就是公播業務的建立。二〇〇七年時，公播業務已逐步成形。

二〇〇八年，我工作滿三十年！我太太也積極尋找我們退休後要一起過生活的地方。

第18章

用汗水換來的天堂——我在鹽泉島

世上真有一個地方可以媲美天堂嗎？
沒有車水馬龍，沒有高樓大廈，
只有友善的人類和大自然相依為命。

小時候，我有很多美麗的夢想，希望像同學們一樣，到了暑假可以回鄉下看阿公、阿嬤或外婆、外公，在田野裡遊玩，更大的夢想是家門口有一棵可以攀爬的大樹。

出社會後，在大城市裡，每天為了業務的開發，不停征戰，腦子裡想的就是業績、產品和市場。

在極度忙碌之後，心裡更嚮往前往一個安靜美麗的地方，擁有一塊自己的土地，一棵大樹……過著每天睡到自然醒的生活。

小王子的玫瑰花

西洋童話《小王子》裡的談話，曾經大大吸引我。小王子說，有個星球很奇怪，住在那裡的人類，成天腦子裡關心的只有數字和財富多少。他很好奇地問：「難道一朵花就要死去，你們一點感覺也沒有嗎？你們不覺得那是一件大事嗎？」

三十八歲時我加入台北中區獅子會，十幾年來，在會中擔任各種職務，包括祕書長和副會長；舉辦過很多活動，也經常參加很多餐會，總會看到許多獅嫂手上、脖子上都戴著大大的寶石手鐲、玉鐲、鑽戒、項鍊……還有許多獅嫂喜歡在餐桌上談論她剛買了什麼、花了多少萬……我常常想，這就是我努力之後的人生嗎？

我太太從不買名牌，也不喜歡交際應酬，她喜歡一個人旅行、畫畫和聽音樂，崇尚自然。在服裝上，她喜歡自己隨性搭配一些造型奇特、售價低廉的小飾品。從小的志向是當護士，照顧老人，很排斥我在獅子會裡的交際應酬，一直在尋找一個沒有喧囂擁擠、沒有過多物質生活的地方。

永不後悔的決定

有一天，她從加拿大打電話回家，說已經找到一個完美的地方了，要我趕快匯錢，她要買房子。

這個突如其來的舉動，嚇了我一大跳。我說：「房價正處於高檔，加幣兌台幣匯率也已經高到一比三十四，這時候買是最貴的。妳要有心理準備，萬一跌下來，可是會賠掉五百、一千萬元的。妳要確定絕對不後悔才行。」

她說：「我永遠不會後悔，這是我夢想中的地方和房子。這是一座美麗的小島，周圍不是山，就是海。人們都非常友善，沒有任何大樓，沒有人開雙B，大家都很樸實，到處都是藝術家。還有兩座高爾夫球場，開車只要十分鐘。治安非常好，沒人家裡鎖門，車子停在外面也不必關窗。島上有很好的中學，女兒在這裡讀書，絕對不會變壞，還會有快樂的童年……」

聽她形容彷彿天堂一般，我無從抗拒。

二〇〇八年三月一日，我正式退休，拜別了所有的同事和朋友，三月二十五日帶著滿滿的夢想和期待，與太太和女兒坐了十一個小時的飛機，前往我太太口中的天堂。我們先在溫哥華住一段時間，聯絡好女兒要就讀的學校。四月底，一家人連同我女兒養的小約克夏狗Tako，搭了三個小時的渡輪，來到我太太夢想中的人間仙境。

天堂就在人間

我們住的島叫「鹽泉島」（Salt Spring Island），占地一百三十三平方公里（約一個澎湖大小），美麗又迷人的海岸線，長達一百八十二公里。人口僅近一萬人，有兩百二十五座牧場、一萬頭綿羊。鹽泉島是喬治亞海峽旁，最大的小島之一，曾是上帝應許給印第安人永遠的糧倉，如今則是素人創作藝術的天堂、北美地區最受歡迎的小島。因爲島上住了很多詩人、作家和畫家，所以又叫「藝術家之島」。

記得才進家門，我故意赤著腳，走到花園和菜園，站在蘋果樹下，感受軟軟的土地、清新的空氣中隱含淡淡的花香，這應該是睡夢裡才會出現的家，一切讓我感覺好美妙、好踏實。雖然我也買過幾個房子，但沒有一個房子像這樣擁有一大片土地。

我每天帶著Tako到海邊散步，路上偶有來往的車子，都會自動減速，跟我揮手打招呼。剛開始我很不習慣，心想：「這些人我連看都沒看過，怎麼會跟我揮手，他們是不是認錯人了？」太太告訴我：「這裡的人很友善，他們知道你是新來的鄰居，跟你打招呼，是表示歡迎的意思。」以後只要車子經過，我就立刻跟他們揮手招呼，也表示我的友善。

鹽泉島交通便利，有三個渡輪的碼頭通往各島嶼。還有一個水上飛機專用碼頭，如果行李不多，水上飛機十五分鐘就可以帶你到溫哥華。靠近市中心的遊艇碼頭，更停了各種漂亮的遊艇，甚爲壯觀。

除了對外交通方便，另一個吸引藝術家遷居此地的原因是，這座島的地理條件完全吸引了崇尚自然的藝術家——小島四面環海，大部分的房子都有面海的景觀。外圍有許多大大小小的島嶼，使得這裡的海水非常平靜，沒有驚人的大浪。島內有很多湖泊，夏日時光，人們在湖裡游泳，還可以學泰山從樹上攀藤跳水，划獨木舟、釣魚；島上還有很多未經破壞的山野、大樹，以及與人和平相處的野生動物……

在生活方面，市中心有市場、咖啡廳、冰淇淋店、餐廳、各種商店、中學、藝術中心……生活機能完善，是一座自給自足的小島。這裡沒有任何不當的破壞，島上居民爲了維護小島的自然原貌，一律禁止任何可能造成破壞的大型投資。所以，這裡連個基地台都沒有，手機經常收訊不良，甚至連大型連鎖店和超市都不准設立，島上也沒有麥當勞、溫蒂漢堡……等速食店，維持著純樸的民風，商店都各有自己的特色。

我們的房子本來住了一對七十八歲的德國老夫妻。他們在二十七年前，自己買地蓋了這棟房子。老先生喜歡種植，闢了一個菜園，還種了一些果樹；老太太喜歡種花，在前後院子裡都種滿了花。我太太剛來島上時，在隔壁租屋，每天看著他們家的花園，才漸漸愛上這房子的。四月，白色梨花、紅色蘋果花開滿了果園；到了五、六、七月，鬱金香、玫瑰、矢車菊、薰衣草、百合、蝴蝶花、玉簪、西班牙藍鐘、莢迷、金盞花、杜鵑、紫丁香、石松、牡丹……花團錦簇、爭奇鬥豔，尤其一大片高掛上方滿滿的紫藤，更是美不勝收！

生活的插曲，變成人生主旋律

我每天的生活，除了固定星期一到星期四早上八點半送女兒上學、下午四點二十分接女兒放學，其他都很隨興，夏天打球、游泳外，除草、種菜、澆水……都是隨興找事做。我來到這裡，才發現倒廚餘、做堆肥也是有趣的工作，當看到廚餘變成有機土，長了滿滿的紅色蚯蚓時，就會很興奮、很有成就感。

我也經常和太太一起逛市集和農場，感受另一種熱鬧和悠閒。

最棒的享受，就是在葡萄藤下，聽著歌雀和知更鳥歌唱，閱讀吳祥輝的大作「國家書寫三部曲」、看金庸的武俠小說；每當我專注地低頭看書，總會不時地聽到蜂鳥飛來吸飲花蜜的嗡嗡聲。這時候，我會抬頭靜靜地觀看牠們可愛的動作，眞是愉悅而悠哉！

這個被紫藤包圍覆蓋的美麗房子，就是我在鹽泉島的家。

四面環海的鹽泉島，擁有美麗又迷人的海岸線，放眼盡是山海交融的美景；幾乎家家戶戶都擁有面海的景觀。

島上沒有紅綠燈，卻隨處可見注意小鹿的路標。

夏日時光，人們最愛在湖裡戲水、游泳，還有人學泰山從樹上攀藤跳水。

這座小島曾是上帝應許給印第安人永遠的糧倉，如今變成素人創作藝術的天堂，島上住了很多詩人、作家和畫家，所以又被稱作「藝術家之島」。從這些造型不一的門牌裡，可以感受到濃厚的藝術氣息。

這裡交通便利，生活機能完善，市中心的商店各有特色，這家餐廳就靠海而建，景色優美。

許多農場的門外設有無人看管的自助小攤，販賣各種產品，如圖中的雞蛋、鮮花……等，顧客買東西時，自行看貼出來的價格小海報來計算價錢，並將錢放進小桶子裡。

坐在紫藤下，邊聽鳥兒歌唱，邊讀吳祥輝的大作「國家書寫三部曲」、或看金庸的武俠小說，這是此處僅有而別處尋覓不到的最大享受！

和鄰居Steve出海釣魚，看到魚兒輕易地上鉤，有著無比的快感；海上的美景與迎面而來的海風，更讓我心曠神怡。

在這座島上，人們不太談金錢和工作，關心的是家園裡種的菜、鮮花及隨季節飛來的不同鳥兒。到這裡之後，種菜、除草成了我最重要的工作。

由於我常表示友善，很容易與鄰居熟起來；我也經常邀請鄰居來家裡聚餐。

沒有車水馬龍，沒有高樓大廈，只有友善的人們和美麗的大自然相依相伴。一個人可以找到並住在自己的夢想之地，生命還有什麼不滿足的呢？

我也常常和鄰居Steve出海釣魚、捕螃蟹，享受海上的美景。當船在快速行駛時，迎面而來的海風讓人感覺清爽無比，而看到魚兒輕易地上鉤，更是有著無比的快感！

島上的人沒看過台灣的蘿蔔，十月蘿蔔收成，就是我大做公關的時候。我請太太做蘿蔔糕，邀鄰居到家裡泡老人茶配蘿蔔糕。鄰居們總是讚不絕口，這些對他們來說都太新鮮了！而我們是花錢不多，樂子不少！

到了冬天，因爲每天壁爐都要升火，需要不停地劈柴。我後來也抓到了訣竅，劈材不需要用太多力，只要姿勢正確，抓到要領，劈起來也很有成就感。而外面的積雪也要經常鏟除，許多人不喜歡鏟雪，我們卻視爲最棒的運動，每次鏟雪都會讓人全身發熱，連手心都是燙的，感覺自己很健康。

看書、看電影、聽音樂、開車到處閒逛、和鄰居交流……也都是生活中的重要插曲。

在這座島上，人們不太談金錢和工作，大家關心的是家園裡種的蔬菜、鮮花及各個季節飛來的不同鳥兒。許多人除了自己的工作，也都在消防隊、醫院、安養院……各單位當志工。大部分老人到了八十幾歲，還自己開車購物、享受生活，完全不需要靠子女照顧奉養。

由於我常主動表示友善，很容易就和鄰居們熟識起來。我也經常邀請鄰居到家裡來喝台灣的老人茶，促進交流，也宣揚台灣文化——每次泡茶，我都會講很多關於老人茶的故事，又教他們如何溫壺、聞香、回甘……他們都覺得很新鮮。

大家知道我的英文很破，都很有耐心，用很慢的速度跟我談話；擔心我語言不通，不能適應，隨時都會來關心，適時給我們各種協助。

這座島之所以會讓人那麼喜歡，實在是有太多幸福的誘惑了，人們更是友善到不行！我在島上住了一年多，常常在街上閒逛，到現在還沒聽過有人吵架的聲音。走在路上的感覺非常安全，雖然沒有交通號誌，但所有車子一看到人，就會自動減速或停車；如果你牽著狗，走路不方便，行動很慢，每個駕駛都會耐心等待，只會對你微笑招手，不會對你瞪白眼、按喇叭。

這裡的幸福，自給自足

許多農場的門外，設有一個無人看管的小攤，販賣各色產品，包括雞蛋、蘋果、新鮮果汁、手工餅乾、鮮花、燒火的木柴……想買東西時，就看貼出來的價格小海報，自行計算價錢，再把錢放進一個小桶子。遊客到這裡旅遊，經過小攤時會感覺到自己被信任，而被信任就是一大吸引力，這也就是遊客喜歡來玩的原因之一。

整座小島自成一個生活圈，爲了維護藝術家之島的特色，小島提供藝術家們許多生活上的協助。在環島旅行地圖上，也會清楚標示每個藝術家的工作室位置，每個遊客都可以依照地圖上的說明，決定自己的旅遊和拜訪路線。

島上沒有百貨商場，每年從四月起，每個週末在海邊公園都有市集。島上所有的農場和藝術家都可以在市集設攤，販賣他們的作品。街頭藝人也會在公園表演，觀看的遊客會自動掏出零錢或小鈔。因爲一星期只有一天，夏天又有許多遊客來島上觀光，當天總是人山人海，大家生意好得不得了。

當夏天要結束的九月最後一個星期，會舉辦大型農業展覽會（**Fall Fair**）。會中有園遊會，農場、牧場的產品展覽，各種古董農具、馬車、汽車的展覽，馬術表演，牧羊犬趕羊秀，露天音樂會，各種特色小吃……應有盡有，這也是每年島上的盛事，除了吸引大批觀光客造訪，全島人人重視，家家戶戶，不論大人小孩，都全員參與，熱鬧滾滾！

這座島上有濃濃的鄉村味道，原始的自然、清新的空氣、友善的人們，生活機能完善，治安好到幾乎看不到警察，到處都是美景……一個人可以找到並住在自己的夢想之地，生命還有什麼不滿足的呢？

後記

輸在起跑點，贏在終點

在一次應哈佛企管主辦的充電會之邀赴台中演講，我提到：「周遭有許多朋友，一年到頭忙得團團轉，工作非常辛苦，結果不但沒賺到什麼錢，反而賠得一身債務。有些人則不然，不但有耕耘，有收穫，甚且一分耕耘，數分收獲，上天看似很不公平。」

一位從事成衣批發的女性經營者，當場淚流滿面。原來，她多年來勞心勞力，每天工作都超過十二小時，卻仍陷在負債的困境中。上帝豈眞是如此不公呢？

想到我在公司，擁有一群優秀的夥伴，每個人都開朗、敬業，都能順利完成公司託付的任務，同事之間相處愉快。我每天在公司裡走來走去，好像看電影一般，欣賞一群優秀的人完成工作，我只負責決定公司方向，公司業績卻能順利成長，上帝眞是不公平！

好用的人，才能變成有用的人

但如果往前推，其實一切的獲得，皆來自於平常的努力，以及對人的敬重。

每個人都擁有一種與衆不同的能力，但不是每個人都會被發掘、被欣賞。我喜歡和員工一起玩、一起做事、一起聊天，長期下來，我知道他們的優點和長處，找機會讓他們表現，我只負責讚美和欣賞，員工們也得以適才適任，工作勝任愉快，能力不斷提升，當然待遇也跟著水漲船高了。

許多人之所以沒有這樣的運氣，並非全然是不幸，反而應該感謝自己運氣太好，因爲唯有處於這樣的環境中，才會有夠多的問題需要解決、突破，也才能培養出足夠的生命力。

相對地，生長在富裕、安逸的環境中，求學、就業也很順利。但就是因爲這些順境，減少了吃苦、磨鍊、自行解決問題的機會，容易造成自大、強烈的主觀意識，拒絕欣賞別人、接受別人的建議。這樣的人喜歡挑簡單的工作做，一遇到太複雜困難的工作，他們通常會先想到藉助於人脈關係，許多事情未失敗前，就先找好了理由……在這種情形下，「成長」對他們而言自然是困難的。

剛出社會的人，沒有任何經驗，當然很難有足夠的自信，但只要在開始的時候，做好心理準備，效法王永慶的「瘦鵝理論」，拚命學、拚命做（老闆要我做什麼，就立刻去做），自然而然會成爲一個「好用的人」。而只有好用的人，才能變成「有用的人」。

愈窮困，就愈有生存本事

唯有眞正了解自己不足之處，才會虛心接受指導、用心吸收。我認爲從就業到現在，對自己幫助最大的刺激是自卑感；自卑感使我意識到自己的不足，才會珍惜任何工作機會，拚命要學要做，自然而然變成好用的人，進而成長爲有用的人。

與其因爲工作繁重、競爭激烈，而時時抱怨工作太累、壓力太大，不如爲自己訂下明確目標，專注努力。在追求成就的過程中，滿腦子只想著怎麼做，雙手、雙腿拚命地做。一旦能做到這個程度，怎麼會想得到壓力？怎麼會覺得累？只有慢慢地做，勉強被動地做，才會意識到疲累。

全力追逐自己設定的目標，整個過程就會變成享受。金革長年來培養的企業文化，就是要每個人投入努力，主動追逐自己的目標，享受奮鬥的快感。所以一有任務，大家就會主動迎戰，效率自然也就不同。

幾十年的業務生涯，讓我衣食無虞，尤其退休後住在這美麗的小島，一個童年的夢境，過自己想過的生活，做著所有自己想做的事，悠閒而快樂。現在回想起來，一切也不是遙不可及，上天還是公平的，只要肯努力，人人都有機會。大膽投入，追尋自己想要的，任何人都可能美夢成眞。

我確信，愈是窮困，愈具備足夠的生存本事。只要想法正確，每個人皆有完成工作的本事，就好像袋鼠，天生具有跳躍的本領一般。所以在金革流行一句話：「你一定可以！」接受這句話，遇到再大困難，你也會覺得沒什麼了不起，因爲「我一定可以」！

生命本該美好，世界多麼的美麗，業務天空，寬廣無邊，任人遨翔！但不出征的青年，如何能找一個屬於自己舒服的位子？

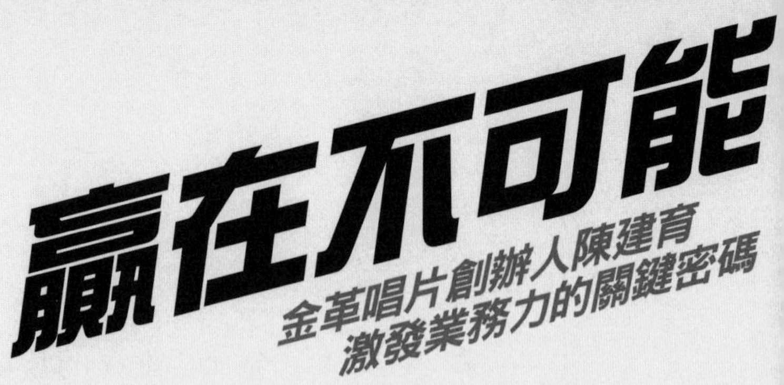

作　　者／陳建育
封面人物攝影／林 聲
全書照片提供／陳建育
文化生活領域副總編輯／曾文娟
副 主 編／李麗玲
封面設計／孫詠雅
內頁設計／劉亭麟

策　劃／李仁芳
發 行 人／王榮文
出版發行／遠流出版事業股份有限公司
臺北市100南昌路二段81號6樓
郵撥：0189456-1　電話：2392-6899
傳真：2392-6658

著作權顧問／蕭雄淋律師
法律顧問／董安丹律師
排　　版／東豪印刷事業有限公司
2009年10月1日　初版一刷
2014年8月16日　初版八刷
行政院新聞局局版臺業字第1295號

新台幣售價300元（缺頁或破損的書，請寄回更換）

ISBN 978-957-32-6534-4

YLib 遠流博識網
http://www.ylib.com　　E-mail:ylib@ylib.com
http://www.ylib.com/ymba　E-mail:ymba@ylib.com

國家圖書館出版品預行編目資料

贏在不可能：金革唱片創辦人陳建育激發業務力的關鍵密碼／陳建育著. -- 初版. -- 臺北市：遠流, 2009.10
面；　公分. --（實戰智慧館；365）

ISBN 978-957-32-6534-4(平裝)

1. 陳建育 2. 唱片業 3. 企業經營 4. 臺灣傳記

489.7　　98016415